Mitteilungen der Gruppe Deutscher Kolonialwirtschaftlicher Unternehmungen

SECHSTER BAND

WALTER DE GRUYTER & CO. / BERLIN W 35

1941

Archiv-Nr. 65 00 01

Druck von Metzger & Wittig in Leipzig

DIE NUTZBAREN MINERALLAGERSTÄTTEN VON DEUTSCH-OSTAFRIKA

von

Professor Dr.-Ing. Friedrich Schumacher

und

Dipl.-Berging. Nikolai Thamm

Mitteilungen
der Forschungsstelle für Kolonialen Bergbau
an der Bergakademie Freiberg
Nr. 1

Mit 16 Abbildungen im Text und 12 Tafeln

Vorwort

Aus den vorbereitenden Arbeiten für die Wiederaufnahme der Wirtschaft in den deutschen Kolonien veröffentlichen wir in diesem Band eine Monographie über die Minerallagerstätten von Deutsch-Ostafrika. Diese, wie analoge Bearbeitungen anderer Kolonialgebiete, die sich anschließen werden, wurde von der Forschungsstelle für kolonialen Bergbau an der Bergakademie Freiberg verfaßt, deren Aufgabe es ist, Forschungsarbeit jeder Art auf dem Gebiet des kolonialen Berg- und Hüttenwesens zu leisten.

Der Hauptzweck dieser Monographien ist es, dem später wieder in eigenen Kolonien tätigen Fachmann zuverlässige Unterlagen für seine Arbeit in die Hand zu geben. Sie beschränken sich daher nicht bloß auf eine allgemeine Übersicht über die lagerstättenkundlichen und bergbaulichen Verhältnisse der einzelnen Kolonialgebiete, sondern sie versuchen, darüber hinaus eine spezielle, möglichst eingehende Darstellung der verschiedenen Vorkommen und Gruben zu geben, soweit dies aus der Literatur und dem zugänglichen Sammlungsmaterial möglich ist. Dabei ist jedoch zu berücksichtigen, daß die montan-geologische Erforschung Deutsch-Ostafrikas auch heute noch durchaus unzureichend ist. Im Vergleich zu Deutsch-Südwestafrika, über das eine riesige und sehr gute Literatur vornehmlich von deutscher Seite vorliegt, sind große Teile Ostafrikas nur ungenügend erforscht und über viele Einzelvorkommen sind nur dürftige Angaben vorhanden. Aus diesem Grunde war eine Vollständigkeit in der Darstellung nicht zu erreichen.

Besonderer Wert wurde auf eine reiche Ausstattung mit Karten und ein ausführliches, 214 Nummern umfassendes Literaturverzeichnis gelegt, das die Benutzung der Monographie erleichtern soll.

Wir sind den Verfassern, Herrn Prof. Schumacher und Herrn Dipl.-Berging. Thamm, für diese wertvolle Arbeit dankbar und wollen nicht verfehlen, auch den beteiligten Mitarbeitern und Mitgliedern unserer Gruppe, Herrn Ministerialrat Dr. Arlt, dem leider inzwischen verstorbenen Major a. D. Otto Schloifer, Herrn Dr. W. Beetz, Herrn Dr. Nottmeyer und Herrn Dr. F. A. Zoellner für die Bereitstellung von Material und Berichten zu danken.

Der Leiter der Gruppe
Deutscher Kolonialwirtschaftlicher Unternehmungen
Dr. Weigelt

Inhaltsverzeichnis

A. Landeskundliche Verhältnisse

1. Geographischer Überblick

Die etwa in der Mitte des östlichen Teiles Afrikas gelegene deutsche Kolonie umfaßt eine Fläche von rund 985500 qkm, wovon 932300 qkm auf das Tanganjika-Gebiet, 53200 qkm auf Ruanda-Urundi entfallen. Die Gestalt des Landes entspricht einer Ellipse, deren große Achse nach NW gerichtet und über 1500 km lang ist. Die kurze Achse mißt etwa 850 km. Deutsch-Ostafrika liegt zwischen 0° 59′ 2″ und 11° 47′ südlicher Breite und nimmt den Raum ein, der zwischen der Küste des Indischen Ozeans und den großen ostafrikanischen Seen liegt, dem Viktoriasee im Norden, dem Tanganjikasee im Westen und dem Njassasee im Süden. Eine fast geradlinige Landgrenze scheidet das Land im Norden vom britischen Kenya-Gebiet. Westlich des Viktoriasees bildet zunächst eine ebenfalls gerade Linie die Grenze gegen das britische Uganda-Protektorat, erreicht dann in südwestlicher Richtung den Kivusee, folgt dem Rusisifluß und verläuft in der Mitte des Tanganjikasees nach SSO. Westlich von ihr liegt der Belgische Kongo. Die Südgrenze verbindet die Südspitze des Tanganjika- mit der Nordspitze des Njassasees, teilweise dem Lauf des Songweflusses folgend. Sie durchläuft sodann die nördliche Hälfte des Njassasees in seiner Mitte und folgt schließlich im wesentlichen dem Rowumafluß in östlicher Richtung bis zur Küste. Im Süden grenzen Nordrhodesien, Njassaland und Portugiesisch-Ostafrika an die deutsche Kolonie. Politisch gehören zu Deutsch-Ostafrika noch die Inseln Pemba im Norden und Mafia, die der Rufidjimündung vorgelagert ist, im Süden.

Die Oberfläche gliedert sich deutlich in zwei durch Abbrüche voneinander getrennte Gebiete: Das Hochland des Inneren und das Küstenvorland. Das im Norden schmale Küstenvorland verbreitert sich nach Süden und nimmt an der Südgrenze fast den ganzen Raum zwischen dem Njassasee und dem Ozean ein. Es besitzt daher eine charakteristische dreieckige Gestalt. Langsam von der Küste nach Westen zu ansteigend, weist dieser Landesteil im allgemeinen nur wenige hundert Meter Meereshöhe auf. Vereinzelte Erhebungen erreichen etwas über 900 m. Das Hochland des Inneren steigt dagegen westlich des Vorlandes bis auf eine mittlere Meereshöhe von mehr als 1000 m an. Einzelne hochgeschobene Schollen erreichen Höhen von 2000 bis nahezu 3000 m. Auf dem Hochland aufgesetzte Vulkankegel steigen bis über 4000 m (Virunga, Meru) auf. Die höchste Erhebung des Landes und zugleich ganz Afrikas bildet der Riesenvulkan Kilimandscharo an der Grenze gegen Kenya mit einer Meereshöhe von 6010 m. Anderseits wird das Hochland, besonders im Süden und Westen, von den gewaltigen wassererfüllten Grabenbrüchen zerteilt, deren tiefste Stellen, z. B. beim Tanganjikasee, teilweise unter dem Meeresniveau liegen.

Etwa die Hälfte des Landes wird durch Flüsse entwässert, die dem Indischen Ozean zuströmen. Schiffbar in ihrem Unterlauf sind der Pangani im Norden, ferner der Wami, der Ruwu und der Rufidji mit seinem Nebenfluß, dem Kilombero. Auch der südliche Grenzfluß Rowuma ist in seinem Unterlauf schiffbar. Im Norden fließen der Mara und der teilweise schiffbare Kagera dem Viktoriasee zu. Sie entwässern also nach dem Mittelländischen Meer. Der Malagarassi mit seinen Nebenflüssen führt seine Wässer dem Tanganjikasee und damit dem Atlantik zu. Das Auffanggebiet des Njassasees ist nur gering.

Die Niederschlagsmengen halten sich im großen und ganzen zwischen etwa 500 und 1000 mm jährlich. Höhere Niederschläge treten im Süden und im Nordosten sowie im Gebiet zwischen dem Viktoria- und dem Kivusee auf. Geringere Niederschlagsmengen werden besonders im Gebiet der Massaisteppe beobachtet. An der Küste gibt es zwei Regenzeiten (März bis Mai und Oktober bis Dezember). Im Süden sind die Monate November bis April die regenreichsten. Im Nordwesten herrscht der äquatoriale Klimatypus (zwei Sommer und zwei Winter mit zwei Regenzeiten; die niederschlagsarme Periode ist nur kurz). Die mittleren Jahrestemperaturen bewegen sich zwischen 16,8^0 C (Neu-Langenburg) und 25,7^0 C (Tanga).

Der größte Teil des Landesinneren wird von Grassteppen, Baumsteppen und Savannen, untergeordnet auch von Steppenwald (Myombowald aus verschiedenen Leguminosen) eingenommen. Stellenweise, besonders an den Rändern der Grabenbrüche, tritt Dornbusch auf. Im Küstengebiet sind die immergrünen Kraut- und Buschpflanzen verbreitet. In den feuchten Hochgebirgsteilen des Landes ist die Vegetation durch den tropischen Regenwald vertreten. Längs der Flüsse treten Galeriewälder auf. Der Seeküste entlang zieht sich ein Mangrovengürtel.

Die Gesundheitsverhältnisse haben sich im Laufe der Zeit wesentlich verbessert. Malaria ist allerdings auch heute noch allgemein verbreitet. Malariafrei sind nur die hochgelegenen und trockeneren Gebiete. Die Schlafkrankheit ist weitgehend eingedämmt. Eine gewisse Gefahr bildet sie noch in den westlichen Bezirken.

Die Bevölkerung Deutsch-Ostafrikas betrug 1938[1]):

Im britischen Mandatsgebiet (Tanganyika Territory)

Eingeborene	etwa	5220000
Inder	,,	25000
Araber	,,	7000
Weiße (darunter Deutsche 3050)	,,	9160
Zusammen	etwa	5260000

Im belgischen Mandatsgebiet (Ruanda-Urundi)

Eingeborene	etwa	3750000
Weiße (meist Belgier)	,,	1220

Die Gesamtbevölkerung der Kolonie betrug also 1938 rund 9 Millionen. Diese sind jedoch auf die beiden politischen Gebiete sehr ungleich verteilt. Das Tanganyika Territory besitzt eine Bevölkerungsdichte von nur 5—6 auf den Quadratkilometer; in Ruanda-Urundi leben dagegen rund 70 Menschen auf 1 qkm. Dieses gesunde Hochland ist eines der am dichtesten bevölkerten Gebiete ganz Afrikas.

2. Erzeugungswirtschaft

Die Ausfuhr Deutsch-Ostafrikas bestand seit Beginn der Kolonisation und besteht auch heute noch in erster Linie aus Erzeugnissen der Landwirtschaft. So betrug im Tanganyika Territory der Anteil der landwirtschaftlichen Erzeugung im Jahre 1938 über $^3/_4$ des gesamten Ausfuhrwertes. Dabei waren folgende Rohstoffe besonders stark beteiligt: Sisal mit 38,4%, Kaffee mit 10,4%, Baumwolle mit 10,3%, Tierhäute mit 4,3% und Reis mit 2,5%. Etwa $^1/_4$ der Gesamterzeugung entfällt auf die Produkte des Bergbaus, unter denen das Gold an erster Stelle steht. Nächst dem Sisal ist das Gold der wichtigste Rohstoff des Tanganyika Territory (15,9% der Gesamtausfuhr).

Anders verteilen sich die Anteile der wichtigsten Rohstofferzeugnisse im belgischen Mandatsgebiet. Im Jahre 1938 nahmen die Bergbauerzeugnisse mit 55,2% die erste Stelle ein; dann folgten die hauptsächlichsten pflanzlichen Rohstoffe mit rund 37,7%; der Rest von etwa 7% entfiel auf tierische Rohstoffe und sonstige Erzeugnisse. Der wichtigste Rohstoff ist Zinnerz, das mit rund 35% an der Ausfuhr

[1]) Deutscher Kolonial-Atlas, 22. Ausgabe, 1941.

beteiligt ist. Ihm folgt der Kaffee mit rund 29% und das Gold mit rund 20%.

Die Ausfuhrziffern für ganz Deutsch-Ostafrika für das Jahr 1938 sind in der folgenden Tabelle zusammengestellt[1]):

	Tanganyika Territory		Ruanda-Urundi		Zusammen	
	Gewicht (engl.)	Wert (engl. £)	Gewicht (metr.)	Wert (belg. frs.)	Gewicht (metr.)	Wert[2]) (RM.)
Rohgold...	112267 ozs.	589135	424 kg	12917360	3915 kg	8220836
Zinnerz....	368 l.t.	50447	1383 t	22692024	1757 t	2430815
Salz.......	9515 l.t.	52543	—	—	9667 t	641025
Glimmer...	35,8 l.t.	6619	—	—	36,37 t	80752
Diamant...	3590 Kar.	3608	—	—	3590 Kar.	44018
Übrige Mineralien	rd. 54,5 l.t.	923	6019 kg	218262	61,4 t	28721
Sisal......	101400 l.t.	1425192	121 t	238728	103143 t	17406441
Kaffee....	13730 l.t.	385576	3396 t	18987262	17345 t	6223008
Baumwolle.	198705 l.t.	380304	1010 t	5251159	202895 t	5059801
Tierhäute .	2953 l.t.	160028	79 t	3068633	3079 t	2197832
Reis......	163926 l.t.	90960	423 kg	600	166549 t	1109760
Sonstige Produkte.	—	562226	—	1487384	—	6978148
Gesamtausfuhr ..	—	3707561	—	64861412	—	50421157

Der Wert der aus dem deutsch-ostafrikanischen Gebiet im Jahre 1938 ausgeführten Erzeugnisse stellt sich also auf 50421157 RM. Die Bergbauprodukte sind daran mit 11446167 RM. beteiligt. Ihr Hundertsatz beträgt also 22,7%. Der Hauptanteil entfällt auf die wichtigsten pflanzlichen Rohstoffe (29799010 RM. oder 59,1%), während der Rest von 9175980 RM. oder 18,2% die tierischen und sonstigen Landeserzeugnisse umfaßt.

Betrachtet man die Verteilung der einzelnen mineralischen Rohstoffe innerhalb der gesamten Bergbauerzeugung des Landes, so findet man, daß das Gold das weitaus wichtigste Mineral Deutsch-Ostafrikas ist. Unter den Produkten des Bergbaus steht es mit 71,8% an erster Stelle in der Ausfuhr des Jahres 1938. Mit einem wesentlich geringeren Wert ist der noch junge Zinnbergbau an der Bergwerkserzeugung Deutsch-Ostafrikas beteiligt. Sein Anteil beträgt 21,2%. Das Kochsalz ist mit 5,6% vertreten, während Glimmer und Diamant nur 0,7% bzw. 0,4% ausmachen. Der Rest von 0,3% verteilt sich auf die übrigen Mineralien.

[1]) Rapport sur l'administration belge du Ruanda-Urundi pendant l'année 1938. Bruxelles 1939. — Tanganyika Territory, Trade Report 1938. — Mitt. des Hamburgischen Welt-Wirtschafts-Instituts e. V.

[2]) Umgerechnet zum Kurse von RM. 12.20 für 1 £ und von RM. 0.08 für 1 belg. fr.

Die nutzbaren Minerallagerstätten von Deutsch-Ostafrika

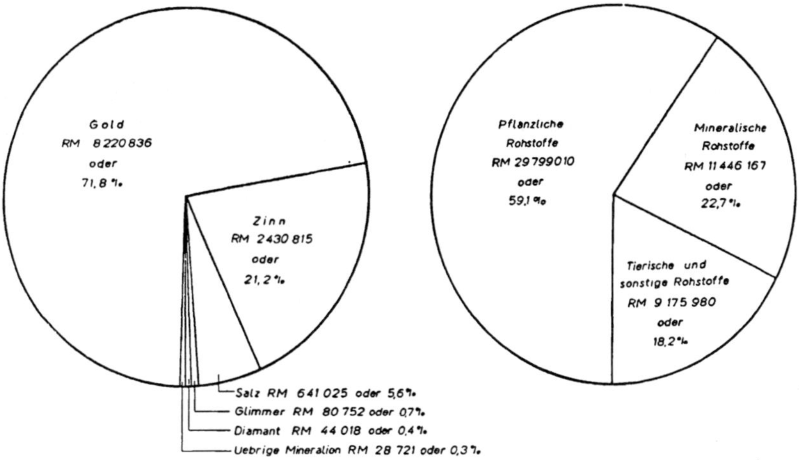

Verteilung der mineralischen Rohstoffe in der Ausfuhr von Bergwerkserzeugnissen Deutsch-Ostafrikas im Jahre 1938

Verteilung der Rohstoffgruppen in der Ausfuhr Deutsch-Ostafrikas im Jahre 1938

Abb. 1

Es sei hier bemerkt, daß die hohen Anteile des Goldes und des Zinns verhältnismäßig jungen Datums sind, so daß Änderungen dieser Verhältniszahlen im Laufe der Zeit sicherlich eintreten werden.

3. Verkehrsverhältnisse

Der wichtigste Seehafen Deutsch-Ostafrikas ist Daressalam. Ihm folgt an Bedeutung der Hafen von Tanga. Weniger bedeutend ist der Hafen von Lindi, der über keine Eisenbahnlinie ins Innere verfügt. Von den kleinen Häfen sind zu nennen: Pangani, Sadani, Bagamojo, Mohoro, Kilwa-Kiwindje, Kilwa-Kissiwani und Mikindani, die durch Zubringerdienst mit den Haupthäfen verbunden sind.

Die sogenannte Zentral- oder Mittellandbahn bildet die Haupteisenbahnstrecke des Landes. Sie verbindet Daressalam mit Kigoma am Tanganjikasee über eine Strecke von 1247 km. Eine Zweiglinie führt von Tabora über 379 km nach Muansa am Viktoriasee, eine andere von Manjoni nach Kinjangiri (150 km). Die zweite Eisenbahnlinie geht von Tanga über Moschi nach Aruscha (438 km). Ein Abzweig bei Kahe verbindet sie mit der Ugandabahn.

Die Haupthäfen des Viktoriasees bilden Muansa und Bukoba. Wichtig sind ferner Musoma und Nungwe. Die Bedeutung Kigomas als Hafen des Tanganjikasees ist nach dem Bau der Lobito-Bahn stark zurückgegangen. Die Ausfuhr aus Ruanda und Urundi tendiert ebenfalls nach Westen über den Hafen Usumbura. Der Schiffsverkehr auf dem Njassasee ist nur gering und auf den Transport über Njassaland und Beira ausgerichtet.

Das Autostraßennetz ist in bezug auf Ausdehnung und Güte noch stark der Vervollkommnung bedürftig. Gute Straßen sind nur wenige vorhanden. Dazu gehört die große Nord-Süd-Straße, die von Nordrhodesien kommend über Mbeja und Iringa nach Dodoma führt, dort die Mittellandbahn kreuzt und über Aruscha nach Nairobi in der Kenya-Kolonie geht. Weitere Straßen 1. Ordnung (sogenannte Allwetterstraßen) verbinden Daressalam mit Morogoro, Tanga über Korogwe und Kilosa mit Mahenge, Lindi mit Songea und Tabora mit Muansa. Von letzterer zweigt südlich von Schinjanga eine Straße nach Bukoba ab, die weiter nach Uganda führt. Eine größere Anzahl von Straßen, die nur in der Trockenzeit befahrbar sind, verbinden die wichtigen Landesteile mit den Eisenbahnstationen. Dies gilt besonders auch für die Bergbaureviere. Eine größere Dichte erreicht das Straßennetz nur in den Goldrevieren von Musoma und am Lupa.

Wichtige, regelmäßig angeflogene Flughäfen sind an der Küste vor allem Daressalam und Lindi, die auf der großen Nord-Süd-Route London-Kapstadt von den Imperial Airways benutzt werden. Ein Kurzstreckendienst der Wilson Airways Ltd. verbindet die Flugplätze von Tanga, der Insel Mafia, Utete und Kilwa-Kiwindje mit Daressalam. Im Landinnern wird der Flugverkehr von der South African Airways und der Wilson Airways Ltd. aufrechterhalten. Die Hauptstrecke verläuft von Nairobi (Kenya) über Moschi, Dodoma und Mbeja nach Nord-Rhodesien. Weitere Linien bestehen zwischen Dodoma, Morogoro und Daressalam sowie zwischen den Goldfeldern des Viktoriasees. Letztere verbinden die Flugplätze der Geita Mine über Muansa, Musoma und denjenigen der Mara Mine mit Kisumu in Kenya und finden Anschluß an die Kap-London-Linie.

Ruanda-Urundi besitzt weder Eisenbahnen noch Flugverbindungen. Der Straßenverkehr mit dem Hauptteil Deutsch-Ostafrikas ist zugunsten eines westwärts gerichteten Verkehrs sehr eingeschränkt.

B. Grundzüge des geologischen Baus

1. Einfügung in das Gesamtbild Afrikas

Es liegt in der Eigenart des afrikanischen Kontinents begründet, daß die Einzeldarstellung geologischer Verhältnisse seiner Teilgebiete ohne das Eingehen auf das große Ganze unvollkommen und unverständlich bleiben muß. Der Kontinent Afrika ist, im großen betrachtet, ein einheitlich aufgebauter und etwa seit dem Vorkambrium starr gebliebener Teil der Erdkruste. Einer Gebirgsbildung in der Art der nacharchäischen Varisziden und der Alpen Europas hat er bis auf kleine Randteile Widerstand geleistet. Auch sind an ihm die Spuren einer Auf- und Abbewegung nur von untergeordneter Bedeutung. Die längste Zeit seiner geologischen Geschichte lag Afrika über dem Meeresspiegel, und die Abtragung der ohnehin verhältnismäßig geringfügigen Sedimente hat den kristallinen Kontinentalsockel weitgehend bloßgelegt. Sedimente paläozoischen und jüngeren Alters sind im mittleren und südlichen Afrika bis auf die in Senken des Inlandes und an den Küsten erhalten gebliebenen Reste abgetragen.

Der Kontinentalsockel oder das afrikanische Grundgebirge bildet einen Komplex metamorpher Gesteine (kristalliner Schiefer) zusammen mit den in diese eingedrungenen sauren und basischen Eruptiva. Der Aufbau dieses Grundgebirges spiegelt die wechselvollen Vorgänge wider, die bei der Erstarrung der Erdkruste sich abgespielt haben, also eine mehrfache Wiederkehr von Erstarrung und Wiederaufschmelzung durch magmatische Intrusionen. Eine heute kaum mehr erfaßbare Sedimentation in den Zeiten tektonischer Ruhe wird stets durch intensivste Verfaltung und Metamorphose wieder abgelöst. Die Anzahl der Ruhe- bzw. der Intrusionsperioden läßt sich zwar heute nicht mehr auseinanderhalten; indessen weisen die Ergebnisse bisheriger Forschungen darauf hin, daß die Intrusionen im Verlaufe des Gesamtprozesses der Erstarrung an Ausdehnung abnehmen, ihre Einschmelzfähigkeit nachläßt (schärfere Grenzen gegenüber den schon erstarrten Schollen) und ihre Vererzungsfähigkeit zunimmt.

Das durch Abrasion bloßgelegte Grundgebirge baut sich danach vorwiegend aus Paragneisen (Sedimentgneisen) und in erster Linie granitischen Orthogneisen auf. In die Gneise eindringend, erscheinen die schwach vererzenden älteren Granite, die noch meist vergneist sind, und schließlich die lagerstättlich überaus wichtigen jüngeren Granite, deren Intrusion im wesentlichen ins späte Algonkium verlegt wird.

Der tektonische Aufbau des afrikanischen Grundgebirges ist in seiner ganzen Kompliziertheit der Einzelerscheinungen doch an einen gewissen allgemeingültigen Plan gebunden. Wir verweisen auf die von Krenkel[1]) erkannte Gitterstruktur des Kontinents, bei der sich Nordost-Südwest und Nordwest-Südost gerichtete tektonische Linien deutlich abheben und in Gestalt von Schwellen mit dazwischen-

[1]) E. Krenkel, Geologie Afrikas. Bd. I, S. 25ff. 1925.

liegenden Senken in Erscheinung treten. Während die Schwellen an der Oberfläche ausstreichen, sind die Senken von jüngeren Ablagerungen bedeckt.

Eine große Überschau des östlichen Afrika zeigt vier solcher einander kreuzender Schwellen (Abb. 2). Die nördliche NW-Schwelle umfaßt den Norden Deutsch-Ostafrikas und den Süden Kenyas und verläuft durch Nord-Kongo und Süd-Sudan bis in die Tschad-Region. Andeutungen einer NW-Tektonik finden sich bis in den Süden Deutsch-Ostafrikas. Die südliche NW-Schwelle verläuft etwa von Mozambique durch beide Rhodesien bis nach dem Mittel-Kongo und Gabun. Die nördliche NO-Schwelle berührt Deutsch-Ostafrika im Gebiet von Ruanda-Urundi und läßt sich von hier bis nach dem mittleren Arabien hin verfolgen. Im Westen der Südafrikanischen Union beginnt schließlich die südliche NO-Schwelle. Sie durchläuft Süd-Rhodesien und Njassaland und scheint im östlichen Deutsch-Ostafrika abzuklingen.

Die tektonische Position Deutsch-Ostafrikas ist als eine ausgeprägte Einschachtelung zwischen diesen zwei Schwellenpaaren charakterisiert, welche in ihrer gemeinsamen Auswirkung eine Hochlage dieses Krustenteils bewirkt haben. Im Gegensatz hierzu stehen die Senken des Kongogebietes zwischen den beiden NW- und der nördlichen NO-Schwelle sowie diejenige der Kalahari zwischen der südlichen NW- und der südlichen NO-Schwelle.

Der Schwellenkreuzungspunkt, in dessen Bereich Deutsch-Ostafrika liegt, wird in geologischer Hinsicht durch eine überaus wichtige Erscheinung beherrscht. Diese ist der gewaltige Einschub der jüngeren Granite in das Grundgebirge, der am Abschluß der Erstarrungsperiode stattfand. Die Intrusion erfolgte vornehmlich längs NW-Richtungen und besonders im Bereiche der nördlichen NW-Schwelle. Die Intrusionsmasse beginnt im Osten an den Ausläufern der südlichen NO-Schwelle, erfüllt den ganzen mittleren Bereich Deutsch-Ostafrikas, wird im Nordwesten der Kolonie und in Uganda durch die nördliche NO-Schwelle unterbrochen und setzt sich dann im nördlichen Kongo fort. Es handelt sich um eine, nur einmal unterbrochene, fast ganz einheitliche Granitmasse von nahezu 1900 km Länge und über 500 km größter Breite. Die größere Hälfte des Intrusionskörpers liegt innerhalb der Grenzen Deutsch-Ostafrikas und ist unter der Bezeichnung „Zentralgranit“ bekannt. Während der Aufbau dieses Zentralgranits deutlich von der NW-Tektonik bestimmt wird, treten im Nordwesten Deutsch-Ostafrikas ganz oder fast gleichaltrige (postalgonkische) Granite auf, die im Bereiche der NO-Schwelle liegend, eine zu ihr parallele Gliederung zeigen. Der Umriß des Zentralgranits selbst ist

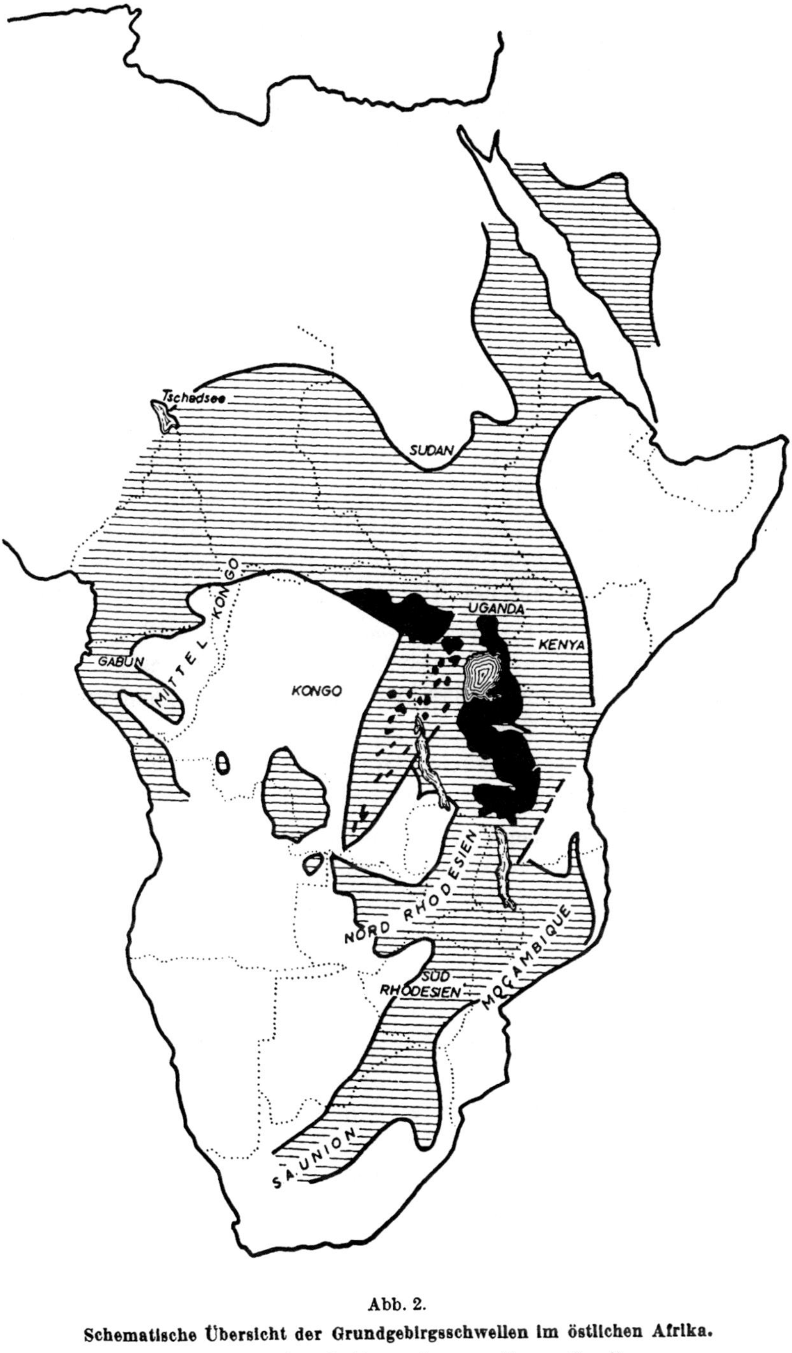

Abb. 2.

Schematische Übersicht der Grundgebirgsschwellen im östlichen Afrika.

Gestrichelt = Grundgebirge, schwarz = jüngere Granite

im Süden der Kolonie sowohl von der NO- als auch von der NW-Tektonik beeinflußt, wobei die letztere offenbar das Übergewicht behält.

Die vom Zentralgranit intrudierten Schichten des Grundgebirges können nach dem Vorgang von Brennich[1]) zur Gruppe der vorgranitischen Formationen zusammengefaßt werden. Der Intrusion des Granits folgt eine Zeit der Abtragung und Einebnung, womit der erste Abschnitt der geologischen Entwicklung Ostafrikas zum Abschluß kam. Alle geologischen Bildungen, die nach dieser Ruheperiode zum Absatz gelangten, werden zur Gruppe der nachgranitischen Formationen zusammengefaßt. Diese Einteilung entspricht in hohem Maße den Anforderungen der lagerstättenkundlichen Forschung, wie weiter unten gezeigt werden soll.

Die Entwicklung des geologischen Geschehens der nachgranitischen Periode ist durch die Ablagerung paläozoischer Festlandssedimente in den Senken des Grundgebirgssockels gekennzeichnet. Marine Überflutungen sind selten und vorwiegend auf die Küstenstreifen beschränkt. In etwas stärkerem Maße treten mesozoische Transgressionen auf. Gegen Ende des Mesozoikums, besonders aber im Tertiär und teilweise auch im Quartär, finden wieder lebhafte Bewegungen statt. Sie prägen sich in ausgedehnten Bruchbildungen aus, die dank ihrem jugendlichen Alter die heutige Oberflächengestalt Ostafrikas bestimmen. Ein Aufleben vulkanischer Tätigkeit fällt im wesentlichen in die Zeit dieser Bruchbildungen. Beide sind heute noch an ihren Ausklängen bemerkbar.

Diese Bruchbildungen sind im Osten als Bruchstufen ausgebildet, die in NO-SW-Richtung verlaufen und sich von der Küste Kenyas bis zum Njassasee erstrecken. Über die Stufen dieser Abbrüche steigt das Land aus der Küstenebene zum Hochland des Inneren empor. Das Hochland wird im wesentlichen durch zwei langgestreckte Grabenbrüche zerspalten. Der östliche Grabenbruch durchläuft im Norden Abessinien bzw. den oberen Sudan und tritt in das Gebiet Deutsch-Ostafrikas östlich des Viktoriasees ein. Hier verzweigt er sich südlich des Natronsees in zwei Äste, deren westlicher über die Senke der Wembäresteppe gegen Tabora zu ausklingt. Der östliche Ast folgt als ostafrikanische Bruchstufe der Südrichtung bis über die Mittellandbahn hinaus. Seine Fortsetzung kann vielleicht im Ruahagraben nördlich des Njassasees gesucht werden. Die westliche Grabenbruchzone beginnt nördlich des Albertsees in Uganda und

[1]) G. Brennich, Neuere Ergebnisse der geologischen Erforschung von Ostafrika. Geol. Rdsch. 1937, Bd. 28, S. 298.

wird weiter südlich vom Edward-, Kivu- und Tanganjikasee eingenommen. Etwa in der Mitte des Tanganjikasees schließt sich, parallel zu ihr verlaufend, der Rukwagraben an, wobei das Ufipa-Plateau als Horst zwischen den beiden liegt. Über den Njassagraben verläuft der Bruch sodann in südlicher Richtung weiter, um an der Küste des Indischen Ozeans abzuklingen.

Am allgemeinen Verlauf der großen Bruchzonen sind neben Einzelbruchrichtungen in OW und NS auch NW- und NO-Bruchlinien stark beteiligt, so daß wiederholt eine Losspaltung eckiger Krustenstücke stattgefunden hat (vgl. die Karte des Ruhuhu-Kohlenfeldes, Tafel XI). Diese Schollen sind teilweise als Horste stehengeblieben oder als Teile von Grabenböden abgesunken. Solche Schollensenkungen, aber auch ihre Hebungen sind meist mit Kippung verbunden. Hebungen der großen Schollen entlang den Rändern der Grabenbrüche sind ebenfalls für die jungen Bewegungen bezeichnend.

Dieses Auf- und Absteigen der Schollen und ihre Kippungen im Gefolge der Bruchzonenbildungen sind im lagerstättenkundlichen Sinne von großer Bedeutung. Durch diese Prozesse trat eine Reliefverjüngung (Rejuvenation) der Oberfläche ein. Das Entwässerungssystem des Landes erfuhr eine grundlegende Änderung, und damit gerieten neue, bisher verborgene Krustenteile unter den Einfluß der Erosion. In den vorhergehenden Zeiträumen angereicherte Sekundärzonen von Goldlagerstätten verfielen der Abtragung und wanderten auf reiche Alluvialseifen. Alte Seifen bedeckten sich mit rasch zugeführten jüngsten Ablagerungen oder wurden, wie vielleicht manche Zinnseifen des Nordwestens, auf dem Boden ertrunkener Täler einer Gewinnung entzogen. Schollen der kohlenführenden Karruschichten konnten dort, wo sie zum Boden von Graben- und Kesselbrüchen absanken, von der Abtragung verschont bleiben. Ihre gleichzeitige Kippung brachte die wertvollen Schichtglieder zum Ausstreichen. Auch die Bildung der Salzseen ist genetisch aufs engste mit diesen Vorgängen verknüpft.

Gleichzeitig mit der Entstehung der Bruchzonen fand eine starke vulkanische Tätigkeit statt, in deren Gefolge sich die ausgedehnten Ergußdecken im Nordosten Deutsch-Ostafrikas bildeten. Mit der Weiterbildung der Störungszonen im Quartär ist die Haupttätigkeitsperiode der neuentstandenen Vulkane (Kilimandscharo, Virunga, Konde) verbunden. Spaltenbildung und Vulkanismus sind auch heute noch nicht restlos abgeschlossen. Häufige Erdbebenerscheinungen und vereinzelte noch tätige Vulkane sowie heiße Quellen sind die greifbaren Zeugen dieser Vorgänge.

2. Stratigraphische und petrographische Übersicht

(Vgl. Tafel I)

a) Die vorgranitischen Formationen

Die vorgranitischen Formationen sind fast ganz auf das Hochland des Inneren beschränkt, wo sie die Basis für die kleinen Reste der nachgranitischen Sedimente und der jungvulkanischen Decken bilden. Im Küstenvorland erscheinen sie nur untergeordnet in seinem südlichen Teil als Inselberggruppen. Stratigraphisch gliedern sich diese Formationen in den unteren und den oberen Grundgebirgskomplex und in das darüberliegende Muva-Ankole-System. Die Unterscheidung dieser Grundgebirgsglieder ist nur auf dem Grad ihrer Metamorphose begründet und läßt daher keinen bündigen Schluß auf die Altersverhältnisse zu.

Die im unteren Grundgebirgskomplex auftretenden hochkristallinen Gesteine bestehen aus zonenweise angeordneten Granitgneisen, stellenweise auch aus Bänder- und Augengneisen, aus Hornblendeschiefern sowie aus Pyroxeniten, Amphiboliten usw. Als sedimentäre Glieder finden sich vorwiegend Glimmer- und Graphitschiefer, Quarzite und Marmore. Steilstehende Isoklinalfaltung beherrscht den Aufbau dieses tiefsten Grundgebirges, das eine große Verbreitung im Süden und Osten der Kolonie besitzt. Dieser Teil des Grundgebirges wird dem unteren Archaikum zugerechnet[1]).

Die Gesteine des oberen Grundgebirgskomplexes (oberes Archaikum) zeichnen sich durch einen geringeren Grad der Metamorphose aus. Nach den bisherigen Kartierungen beschränkt sich das Vorkommen dieser Abteilung vorwiegend auf die nördlichen Teile der Kolonie. Nur relativ kleine Flächen werden von ihr eingenommen, und meist erscheint sie als typischer Dachgebirgsrest, der allseitig vom jüngeren Granit umschlossen wird. Stockley[2]) unterscheidet im Musomabezirk als das tiefste Glied Mandelsteinlaven sowie Tuffe, Agglomerate und Epidiorite. Geringere Verbreitung besitzen die etwas jüngeren Rhyolithe, Felsite und Quarzporphyre. Aus der Metamorphose und Karbonatisierung der Grünsteine und der Felsite ist die sogenannte „Tombstone Formation“ hervorgegangen, die sich vorwiegend aus Serizit-, Chlorit- und Hornblendeschiefern aufbaut. Ein wichtiges Glied des oberen Grundgebirgskomplexes bilden ferner Bändereisen-

---

[1]) E. Hennig, Afrika nebst Arabien. Regionale Geologie der Erde, Bd. 1, V. 1938.

[2]) G. M. Stockley, Outline of the Geology of the Musoma District. Tang. Terr. Geol. Survey, Bulletin No. 7. 1935.

Tafel I

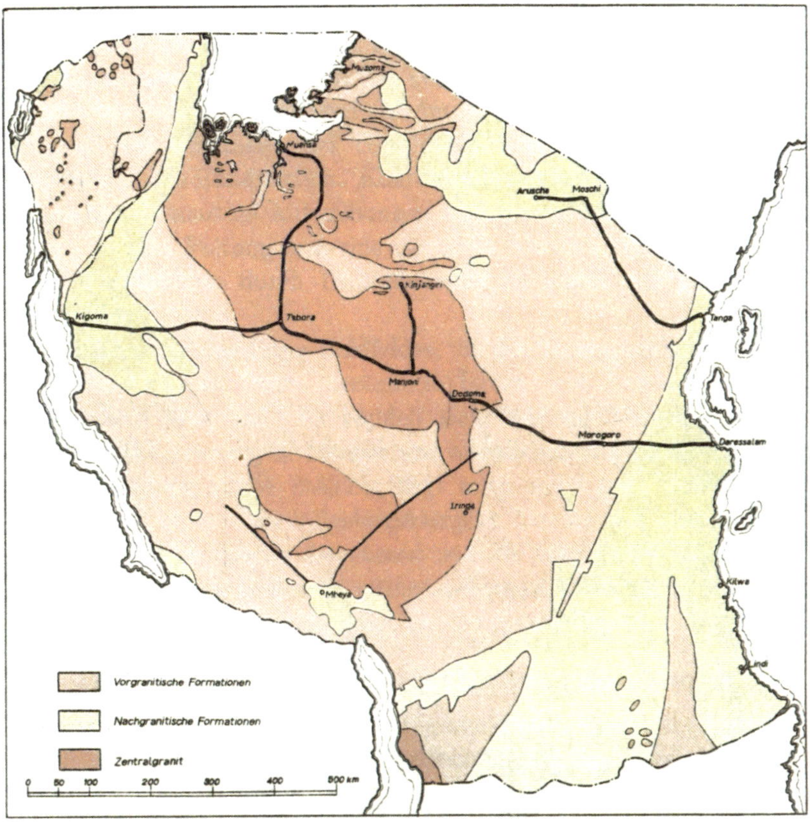

Dcko VI, Zu Schumacher und Thamm, Minerallagerstätten von Deutsch-Ostafrika
Vırlag Walter de Gruyter & Co., Berlin W 35 C/2138

Geologische Skizze von Deutsch-Ostafrika

steine, die sogenannten „Banded ironstones", Magnetitquarzite und Quarzeisensteine. Hinzu treten Grobsandsteine und Schiefer.

Diskordant über dem Grundgebirgskomplex liegen die Quarzite, Phyllite und Tonschiefer des algonkischen Muva-Ankole-Systems. Sie finden ihre größte Verbreitung im Gebiet zwischen dem Viktoria-, Tanganjika- und Kivusee. In den übrigen Teilen der Kolonie sind nur kleine Reste dieser Formation vorhanden. Die Einwirkungen der Granitintrusionen beschränken sich im wesentlichen auf eine Herausbildung von Glimmer- und Graphitschiefern sowie von Glimmerquarziten in den Randpartien. Kontakthöfe zeigen Chiastolith, Granat, Turmalin. Domartige Aufwölbungen sind besonders aus Ruanda bekannt. Starke Faltung und eine deutliche Abtrennung von den jüngeren Formationen durch Diskordanzflächen lassen sich gewöhnlich beobachten.

Im Bereiche des Lupa-Goldfeldes, in der Iringaprovinz und auf dem Ufipa-Plateau treten veränderte Laven und Aschen von vorgranitischem Alter auf. Es handelt sich teils um Dazite, teils um Aschen und Laven rhyolithischen und andesitischen Charakters. Ihre genaue stratigraphische Stellung liegt noch nicht fest. Intrusiv erscheinen im unteren Grundgebirgskomplex Dunite und andere Peridotite sowie Pyroxenite, die ebenso wie die vereinzelten Syenitvorkommen wohl zum Teil auch nachgranitischen Alters sind. Die vorhandenen Diorite sind stets älter als der Zentralgranit.

b) Der Zentralgranit und die Granite von Ruanda-Urundi

Diese Granite gehören einer Intrusionsphase an, die einen großen Abschnitt in der Entwicklungsgeschichte Ostafrikas zum Abschluß bringt. Sie durchdringen und vererzen das Grundgebirge und die algonkischen Muva-Ankole-Schichten, indem sie als große Massive in die Schwächezonen der bereits starr gewordenen archäisch-algonkischen Kruste eindringen.

Der weitaus größte Teil der Erzlagerstätten magmatischer Entstehung ist auf die Auswirkung dieses Graniteinschubes zurückzuführen. Sinngemäß ist danach das Vorkommen von primären Erzanreicherungen auf die vorgranitischen Formationen und den Zentralgranit selbst beschränkt, während die nachgranitischen Ablagerungen von einer solchen Vererzung unberührt geblieben sind.

Diese große lagerstättenkundliche Bedeutung des spätalgonkischen Granits erfordert seine genaue geologische Erfassung in tektonischer und petrographischer Hinsicht. Die bisherigen Forschungen auf diesem Gebiet waren darauf ausgerichtet, die einzelnen Granitintrusionen systematisch zu erfassen und die Sonderung der voralgonkischen Einschübe vom Hauptgranit herbeizuführen.

Der bereits angeführten zusammenfassenden Arbeit G. Brennichs entnehmen wir die folgende Reihenfolge der Granitintrusionen:

1. Mikroklingneis
2. G 1-Granit
3. Hauptintrusion (G 3-Granit).

Der Mikroklingneis ist ein Bestandteil des unteren Grundgebirges. Das Gestein variiert zwischen einem geschieferten porphyrischen Granit und einem Augengneis. Einsprenglinge von rotgefärbtem Mikroklin sitzen in einem groben Gemenge von Milchquarz, grünlichweißem Mikroklin, chloritisiertem Biotit und Hornblende. Es erscheint gewöhnlich granodioritisch. Englische Geologen bezeichnen diesen Gneis als Type G 2. Als gleichalterig wird der „Kuria-Granit" des Musomagebietes angesehen, der zu etwa $^1/_3$ aus Quarz besteht.

Der G 1-Granit erscheint als der Vorläufer der Hauptintrusion. Er bildet ein mittel- und gleichkörniges, helles Gestein mit Paralleltextur, an dessen Aufbau in fast gleichen Mengen Quarz und Plagioklas beteiligt sind. Untergeordnet finden sich Chlorit, Epidot, seltener Magnetit, Zirkon und Apatit.

Weitere Granittypen sind aus dem Lupa-Goldfelde bekannt, so der „Ilunga-Granit" (Type G 4), der „Saza-Granit" (Type G 5) und der „Tschunja-Granit". Die beiden letzten dürften mit der Hauptintrusion gleichalterig sein, während die G 4-Type wahrscheinlich nur eine Fazies des G 1-Granits darstellt.

Der Granit der Hauptintrusion führt die Bezeichnung G 3. Wegen seiner geographischen Lage inmitten Deutsch-Ostafrikas hat sich in der deutschen Fachliteratur für ihn die Bezeichnung „Zentralgranit" eingebürgert. Sein Durchbruch erfolgte längs nordwestlich gerichteter Schwächezonen des Grundgebirges (s. Tafel I). Das Gestein ist körnig ausgebildet und in seinen Randteilen leicht vergneist. Es ist ein Biotitgranit mit gelegentlich hornblendeführender Randfazies. Das Mengenverhältnis von Mikroklin und Albit-Oligoklas wechselt. Akzessorisch finden sich Magnetit, Apatit, Titanit, Zirkon; seltener Orthit und Flußspat.

Die jüngeren Granite von Ruanda-Urundi weisen als ältestes Glied einen Gneisgranit auf, der in die Schichten des Muva-Ankole-Systems intrudierte. Die zweite Intrusion bildet ein mittel- bis grobkörniger porphyrischer Biotitgranit mit Mikroklin, Mikroperthit und wenig Muskovit. Der Einschub dieser beiden ersten Phasen erfolgte in ein durch Faltung bewegtes Gebirge. Erst nach seiner Versteifung intrudierte der dritte Granit. Dieses Gestein besteht zu fast gleichen Mengen aus Quarz, weißem Feldspat und Muskovit. Biotit ist nur gelegentlich vertreten. Die drei Granitintrusionen werden im Gebiet von Ruanda-Urundi und in Uganda mit den Typenbezeichnungen G 1, G 2 und G 3 versehen. Das Verhältnis dieser Granittypen zu denjenigen des Tanganjika-Territoriums ist indessen noch nicht geklärt, so daß diese Bezeichnungen nicht als Korrelation zu werten sind. Die Granite treten als zahlreiche batholithische Gebilde auf, deren Verteilung an eine NO-SW gerichtete Linie gebunden ist.

c) Die nachgranitischen Formationen

Den Granitintrusionen folgte eine Abtragungs- und Einebnungszeit, während welcher die Schichten des Katangasystems gebildet wurden. Es wird angenommen, daß es sich hier um die frühesten paläozoischen Ablagerungen handelt; jedoch sind keine verläßlichen Fossilfunde bisher bekannt geworden. Klastische Gesteine wiegen vor, besonders Konglomerate, Sandsteine, Quarzite und Tonschiefer. Im obersten Horizont befinden sich zum Teil Kalke und Dolomite. Nördlich des Njassasees liegt zuoberst eine Lage von Andesitlava. Südlich von Manjoni wird die Serie von Doleritgängen durchsetzt. Größere Verbreitung besitzen die Sedimente des Katangasystems östlich und vor allem westlich des Viktoriasees in einem Streifen, der sich gegen den Tanganjikasee bis südlich der Mittellandbahn hinzieht (sogenannte Tanganjikaformation). Die stratigraphische Stellung dieser Schichten ist noch strittig. Vielleicht gehören sie zum Teil dem Muva-Ankole-System an. Sogar ihre teilweise Zugehörigkeit zur Karruformation oder selbst zum Jura wird für möglich gehalten.

Sedimente der permo-triasischen Karruformation sind auf die Nachbarschaft der östlichen Bruchstufe und die Sohlen der Grabenbrüche im Süden des Landes beschränkt. Eine genauere Schilderung der Karruschichten soll im Zusammenhang mit den darin auftretenden Kohlenvorkommen gegeben werden.

Ablagerungen der Juraformation treten im Küstenvorlande auf. Mit Unterbrechungen ziehen sich diese Schichten von Tanga bis nach Lindi hin, die Sedimente der Karru zum Teil konkordant (?) überlagernd. Die Gesteine sind Kalke, Kalksandsteine, Mergel, sandigglimmerige Schiefer, Tone und Sandsteine. An Fossilien treten Ammoniten, Muscheln, Korallen, Krinoiden und Foraminiferen auf. Die oberjurassischen, bis in die untere Kreide hinaufreichenden Kalksandsteine und Mergel der Tendaguruschichten sind durch die Funde riesenhafter Dinosaurier von hervorragender paläontologischer Bedeutung geworden.

Die Juraschichten fallen flach nach der Küste zu ein und werden von den fast waagrecht liegenden Kreidesedimenten überlagert. Die von diesen bedeckten Gebiete nehmen im Norden einen zur Küste parallelen Streifen ein, der mit Unterbrechungen sich nach Süden hinzieht, wo er im Hinterland der Küste, zwischen Kilwa und dem Rowuma, eine bedeutende Breite erreicht. Am Aufbau dieser Formation sind vorwiegend mergelige und sandige Schichten beteiligt, unter denen die festländischen fossilleeren Makonde-Sandsteine hervorzuheben sind.

Die Kalke des marinen Tertiärs sind in Küstennähe im Süden der Kolonie vertreten. Nördlich des Rufidji erreicht die Formation ihre größte Verbreitung. Die sogenannten Mikindanischichten bilden die terrestre Fazies, die schon zum Quartär überleitet. Lagerstättlich bedeutsam könnten vielleicht Flußablagerungen im Inneren des Landes (tertiäre Seifen) werden. Zu den jüngsten Gebilden gehören die Lehme und Tone als Absätze der Binnenseen (Mbugas), Salzkrusten und eluviale Seifen. Bildungen von „kolluvialen" Seifen in der Nähe oder über Kimberlitschloten führten zur Anreicherung von Diamanten.

Die vulkanische Tätigkeit während der nachgranitischen Periode beschränkte sich zunächst auf die Entstehung der schlot- und gangförmigen Kimberlite, die vielleicht erst im jüngeren Mesozoikum durchgeschlagen sind. Im Tertiär macht sich dann wieder ein starker Vulkanismus bemerkbar, der sich abgeschwächt bis in das Quartär hinein fortsetzt. Seinen Höhepunkt erreichte er mit der Bildung ausgedehnter Lavadecken und dem Aufbau riesiger Vulkanberge, die sich aus trachytischen, phonolithischen und basaltischen Laven und Tuffen zusammensetzen.

3. Hydrologische Verhältnisse

Von R. Pfalz

Da der Schwerpunkt des Bergbaus in den Landschaften liegt, die aus den reichlichen Niederschlägen mancher Teile der Kolonie keinen Nutzen ziehen, sondern bei bescheidenen Niederschlägen der Regenzeit die Kraßheit der Trockenzeit besonders stark empfinden, wird für die Mehrzahl der Betriebe und Bergbausiedlungen die Frage der Wasserbeschaffung vordringlich.

In dieser Hinsicht erlangt das Grundwasser im ortständigen oder nur wenig verlagerten Verwitterungsschutt besondere

Bedeutung. Es speist die überwiegende Zahl der vorhandenen Brunnen und Grablöcher im Inneren. Die Voraussetzungen für seine Entstehung schafft eine neben der mechanischen Zerstörung wirkende weitgehende chemische Verwitterung. Namentlich im Küstenhinterlande, an den Inselbergen und im Binnenhochlande am Fuße der Erhebungen kommt es zu starken Schuttanreicherungen. Wo die Inselberge morphologisch noch nicht weit genug entwickelt sind oder sich der Verwitterungsgrad an Gesteinsgrenzen — wie zwischen Granit und Schiefer — ändert, setzt häufig die Grundwasserbildung plötzlich ab. Andererseits können aufragende Höhen, die Regenfänger sind und im Sammelgebiet Vegetation tragen, Grundwasserströme entstehen lassen, welche sich ein Stück in die an sich trockenere Umgebung erstrecken. Nicht selten werden wasserführende rote Lehme oder echte Laterite von Tonschichten unterlagert, die ein Absinken des Grundwassers in das klüftige Anstehende verhindern. Stark toniger Lehm hat sich mitunter als ungünstig erwiesen, wenn er die Niederschläge oberflächlich abfließen oder günstigenfalls nur Zisternen entstehen läßt, während eine Überdeckung mit Sand der Aufspeicherung dienlicher ist. In Verwitterungssanden, die weitstreichende Klüfte erfüllen, können vielfach Grundwehre zur Anreicherung der bescheidenen Sickerwassergerinne Verwendung finden.

In lockeren marinen, lagunären, limnischen oder fluviatilen Sedimenten treten Grundwasservorkommen auf, die wesentlich ergiebiger als die der vorigen Gruppe sind. Aus dem Küstengebiet und Küstenhinterland sind sie schon lange vor dem Weltkriege bekannt geworden. Hier schalten sich in eine unregelmäßige Folge von Sanden, Lehmen und Tonen pliozänen oder pleistozänen Alters fluviatile Ablagerungen ein. Ihre Grundwasserströme sind vielfach für städtische Wasserversorgungsanlagen erschlossen worden. Sie unterscheiden sich vorteilhaft von den benachbarten flächenhaft ausgebreiteten Horizonten, die oberflächennah auftreten, aus diesem Grunde besonders auch beim Anstieg des Grundwassers in der Regenzeit leicht der Verunreinigung ausgesetzt sind und in der Trockenzeit unter dem Einfluß der Verdunstung gern versalzen oder Brunnen versiegen lassen. Die Einlagerung verschiedener undurchlässiger Schichten in den Sedimenten kann mehrere Wasserhorizonte hervorrufen, die zum Teil auch gespannt sind. Im Binnenhochlande sind selbst geringmächtige fluviatile Sedimente mitunter geeignet, auch noch in der Trockenzeit und aus geringer Tiefe Wasser zu liefern, falls die Entnahme nicht zu stark ist. Öfters deuten Galeriewälder im Rumpfschollenland auf grundwasserreiche Täler. Die abflußlosen Seen besitzen häufig gewinnbare

Vorräte in ihren kurzen, kies- oder sandführenden Zuflüssen, während größere Längszuflüsse mit ihren Detritus- und Salztonablagerungen weniger geeignet sind.

Da eigentliche Tafellandschaften in Deutsch-Ostafrika zurücktreten, nehmen die Schichtwässer in festen Sedimenten keine wesentliche Stellung im hydrologischen Gesamtbild ein. Im Küstenhinterland sind hierzu Vorkommen in jurassischen, kretazischen (Makondeschichten) und gewissen verfestigten tertiären Sedimenten zu rechnen. Auch Auflagerungsgrenzen auf älterem Untergrund, wie dem Gneissockel des Makondeplateaus, können Quellhorizonte entstehen lassen. Im Tanga-Distrikt oder bei Tabora nimmt der Gneis selbst durch geschichtete Lagerung die Eignung für Schichtwasservorkommen an. Am Kilimandscharo und Meru bewirkt die Schichtung von Tuffen und Laven das Gleiche und deren Auflagerung auf älterem Unterbau im Vorland eine besondere Grundwasseranreicherung. Gelegentlich trifft man Schichtquellen, die unter dem Einfluß des Mineralgehaltes der durchflossenen Ablagerungen zu Mineralquellen geworden sind. Auch die Solen von Gottorp lassen sich am besten unter den Schichtquellen einordnen. Zwar treten sie in einem Tal an Gängen zutage, die Gneisgrund durchsetzen; offenbar erfolgt hier aber nur die Stauung des Wassers, das seinen Mineralgehalt aus oberflächlichen Salzpfannen bezogen hat und dann durch Sandsteine und Schiefer des Tanganjikasystems gewandert ist. Im Karrusystem wurde wiederholt auch artesisches Wasser angetroffen, das aber keinen Vergleich mit bekannten artesischen Vorkommen in anderen Gebieten der Erde aufnehmen kann.

Spaltenwässer sind weit verbreitet und gewinnen gerade auf dem kristallinen Untergrund des Binnenhochlandes Bedeutung. Mitunter sind allerdings ältere Klüfte durch starke Verwitterung derart mit Lehm angefüllt, daß sie keine Wasserzirkulation mehr gestatten. Zu den Spaltenquellen gehört auch die Mehrzahl der Thermalquellen, die aus allen Teilen der Kolonie bekannt geworden sind, vor allem aber in den Grabenzonen (am Kivu-, Tanganjikasee und am Nordende des Njassasees) und an den Brüchen des Küstenlandes gehäuft auftreten. Zum Teil verwenden sie die Eingeborenen zu Heilzwecken. Die Gräfin-Bose-Thermen im Rukwagraben haben mächtige Sinter abgesetzt; Kalkausscheidungen kennzeichnen mehrere heiße Quellen im Lupa-Goldfeld; heiße Natronquellen treten am Westufer des Natronsees aus, nachdem sie ihren Weg durch jungvulkanische Gesteine genommen haben.

Die Bohrungen, welche die Mandatsregierung ausführen ließ,

wurden in erster Linie mit zwei Schlagbohrmaschinen amerikanischer Konstruktion hergestellt und als erfolgreich bezeichnet, wenn sie mindestens 60 gal/Std. = $^1/_{13}$ l/sec lieferten. Im Zeitraum 1931 bis 1937 sind von 91 Bohrungen 63 erfolgreich gewesen. Die durchschnittliche Bohrtiefe war dabei 77 m, die Neuerschließung an Wasser 10000 cbm/Tag, d. h. im Durchschnitt 159 cbm/Tag je Bohrung.

C. Die Minerallagerstätten

I. Die Erzlagerstätten und ihre Zerstörungsprodukte (Seifen)

a) Die Beziehungen der Erzlagerstätten zu den Granitmassen

(Vgl. Tafeln II und III)

Die primären Minerallagerstätten magmatischen Ursprunges sind im Bereiche Deutsch-Ostafrikas fast ganz auf die vorgranitischen Formationen beschränkt.

Ihre Verteilung innerhalb dieses Grundgebirges weist eine auffällige Gesetzmäßigkeit auf (Tafel II). Von N nach S fortschreitend, finden wir zunächst östlich des Viktoriasees eine große Ansammlung von Goldvorkommen, die sich bis gegen den Natronsee erstrecken. Östlich davon wird das Grundgebirge durch die vulkanischen Decken der Beobachtung entzogen und erst im westlichen Paregebirge wieder freigegeben. Hier treffen wir auf glimmerführende Pegmatite, die sich auch weiter südöstlich, im Usambaragebirge finden (Tafel III). Westlich Tanga ist ein Goldvorkommen bekannt. In einem Streifen von etwa 150 km Breite, der parallel zu dem langgestreckten Gebiet der genannten Vorkommen und südlich davon liegt, treten nach den bisherigen Ermittlungen keinerlei Lagerstätten magmatischen Ursprunges auf. Südlich des Viktoriasees ist dagegen wieder eine große Anzahl von Goldvorkommen zu verzeichnen. Weiter im Südosten finden wir deren Fortsetzung bei Schinjanga, ferner bei Sekenke und im Bereiche von Dodoma und Morogoro, wo sich zum Gold eine Reihe anderer Lagerstätten hinzugesellen. Diese deutlich ausgeprägte, etwa 150 km breite Vererzungszone findet am Ruwufluß ihren Abschluß.

Vereinzelte, noch wenig oder gar nicht untersuchte Goldvorkommen sind weiter südlich im Raume Tabora—Iringa bekannt.

Südlich davon liegt wieder eine breite, erzleere, NW—SO-streichende Zone. Dann folgt im Süden der Kolonie, an der Ostküste des Tanganjikasees beginnend, ein Vererzungsgürtel, in dessen Bereich das polymetallische Vorkommen von Uruwira, das Lupa-Goldfeld und weitere Metallagerstätten liegen.

Die Bindung der Erzverteilung an NW-gerichtete Linien erscheint damit unverkennbar. Ein Vergleich mit der geologischen Karte (Tafel I) unterstützt die Annahme, daß die weitaus meisten Erzlagerstätten sich in den tektonischen Plan einfügen, der auch die Intrusionsgestalt des Zentralgranits bestimmt hat. In der Tat liegen die Vorkommen stets in folgenden räumlichen Beziehungen zum Granit:

1. Sie rahmen den Granitkörper ein.
2. Sie finden sich in den vom Granit umgebenen Dachgebirgsschollen.
3. Fern vom Granitausstrich treten sie nur in Gebieten auf, die in der Verlängerung seiner Längsachsen, d. h. nordwestlich oder südöstlich von diesem liegen (z. B. das Uruwira-Goldfeld und die Lagerstätten bei Mikindani und am Mbemkuru).

Hierzu ist zu bemerken, daß die dieser Regel folgenden Lagerstätten im Pare-Usambaragebirge in ihrer Nachbarschaft Granitausbisse aufweisen [Range[1])], die jedoch noch nicht kartiert worden sind.

Auf Grund dieser Tatsachen muß angenommen werden, daß im Bereiche des ostafrikanischen Grundgebirges schon vor der Intrusion der jüngeren Granite Schwächezonen in NW—SO-Richtung vorhanden gewesen sein müssen. Einen Teil dieser Zonen benutzte der Granit bei seinem Aufstieg. Die vom Granit nicht gefüllten Spaltenzonen dienten dagegen seinen Restlösungen als Aufstiegskanäle und nahmen damit die Vererzung auf.

Wir können daher heute drei deutliche Vererzungsgürtel unterscheiden:

1. den Nordgürtel (Musoma—Tanga),
2. den Zentralgürtel (Muansa—Sekenke—Ruwu),
3. den Südgürtel (Tanganjika—Lupa—Rowuma).

Ein verkümmerter Erzgürtel scheint im Gebiet zwischen den zwei großen nordweststreichenden Granitmassen eingekeilt zu sein (Tabora-Iringa). Über seine nordwestliche Fortsetzung ist vorläufig noch nichts bekannt. Nach Südosten wird er von einer SW—NO-gelagerten Granitmasse abgeschnitten.

Ein Sondergebiet in der Vererzung Deutsch-Ostafrikas bildet das Zwischenseengebiet (Ruanda-Urundi und der Bukobabezirk). Im Bereich einer NO-Schwelle gelegen, weicht es von dem Bild des übrigen Deutsch-Ostafrika sowohl in bezug auf seine Tektonik als

---

[1]) P. Range, Neue Glimmerlagerstätten in Deutsch-Ostafrika. Z. dtsch. geol. Ges. 1912, S. 372.

auch auf die petrographischen Eigenschaften seiner Granite ab. Auch die Vererzung weist hier bedeutende Unterschiede gegenüber jener des Zentralgranites auf. Um nur auf einige der bisher bekannt gewordenen Tatsachen hinzuweisen, sei erwähnt, daß die hier auftretenden Erze des Zinns, Wolframs, Tantals und Niobs im übrigen Deutsch-Ostafrika fehlen. Die immerhin recht zahlreichen Glimmerlagerstätten im Gebiet der Nordwesttektonik finden hier nichts Gleichartiges. Dem oft 960-feinen Rohgold Ruanda-Urundis steht das silberreichere Gold der übrigen Minenbezirke gegenüber. Die Klärung dieser Verhältnisse bedarf noch einer besonderen Untersuchung.

Nach dem Gesagten sind fast alle im weiteren Sinne magmatischen Minerallagerstätten Deutsch-Ostafrikas genetisch auf die Granitintrusionen zurückzuführen. Nur wirtschaftlich unbedeutende Vorkommen von Nickel und Chromit finden sich als Ausscheidungen aus basischen Gesteinen. Auch diese Vorkommen, die bisher nur im Bereiche der Nordwesttektonik bekannt geworden sind, fügen sich gut in die großen Vererzungsgürtel ein.

b) Die Goldvorkommen

α) Übersicht über die Goldproduktion von Deutsch-Ostafrika

Die Goldgewinnung Deutsch-Ostafrikas begann im Anfang des Jahrhunderts mit wenigen Kilogramm Jahresausbeute, die hauptsächlich aus dem Gebiet der späteren Sekenke Mine stammten. Im Jahre 1906 wurden etwa 7 kg Feingold gewonnen. Schon 3 Jahre später stieg die Ausbeute auf 139 kg und erreichte 1913 eine Ziffer von 263 kg. Durch den Weltkrieg wurde die Entwicklung des Goldbergbaus stark gehemmt und zu Zeiten ganz unterbrochen. Die kurz vor dem Kriegsausbruch intensiv betriebene Prospektionstätigkeit im Gebiet um den Viktoriasee führte zu einer kleinen Gewinnung, wurde aber dann ganz aufgegeben. Die ersten Erzeugungsziffern der Nachkriegszeit weisen für das Jahr 1921 nur etwa 10 kg auf. Nun beginnt eine langsame Steigung der Produktion, die im Jahre 1930 die 400 kg-Grenze erreicht. 5 Jahre später wurden bereits weit über 2000 kg Rohgold im Jahre gewonnen und das Jahr 1939 erbrachte eine Rohgoldmenge von mehr als 6700 kg.

Eines der größten Goldgewinnungsgebiete Deutsch-Ostafrikas ist der Musomabezirk, der im Bereich des nördlichen Vererzungsgürtels liegt. Ihm folgt mit fast gleicher Produktionsfähigkeit der in rascher Entwicklung begriffene Muansa-Golddistrikt. Dieser

Distrikt und das sogenannte Zentralgebiet mit der Sekenke Mine liegen im mittleren Vererzungsgürtel. Während die Ausbeute des Zentralgebietes im Verhältnis zur Produktion der Distrikte von Musoma und Muansa bedeutend zurücksteht, ist das im Südgürtel liegende Lupa-Goldfeld zur Zeit der größte Goldproduzent der Kolonie. Zu diesen vier wichtigsten Goldfeldern treten zahlreiche kleinere oder noch wenig erschlossene Golderzeugungsgebiete hinzu, unter denen das neu entdeckte Uruwira-Goldfeld besonders zu erwähnen ist. Ein Sondergebiet der Goldgewinnung bildet Ruanda-Urundi.

Die Goldproduktion Ostafrikas gründet sich ganz vorwiegend auf den Gangbergbau. Daneben treten die Seifengoldvorkommen im großen und ganzen zurück, sind aber besonders im Lupagebiet noch wesentlich und in Ruanda-Urundi sogar ausschließlich an der Erzeugung beteiligt. Im britischen Tanganyika Territory waren 1938 43 produzierende Bergwerke vorhanden; davon lieferten 17 über 30 kg, 7 zwischen 15 und 30 kg und 19 weniger als 15 kg Rohgold im Monat.

In der untenstehenden Übersicht sind die Produktionsziffern für Deutsch-Ostafrika nach Golddistrikten und der Art der Vorkommen (Gang bzw. Seife) für die Jahre 1936—1939 zusammengestellt.

Tabelle 1

Übersicht über die Rohgoldproduktion von Deutsch-Ostafrika nach Distrikten für die Jahre 1936—1939

Distrikt		1936		1937		1938		1939 Jan.—Nov.	
		oz	kg	oz	kg	oz	kg	oz	kg
Musoma	G	21138	657,4	26690	830,0	45409	1412,2	48717	1515,1
	A	—	—	—	—	—	—	—	—
Muansa	G	108	3,3	314	9,7	2296	71,4	46873	1457,8
	A	—	—	—	—	91	2,8	—	—
Zentralgebiet ...	G	8470	263,4	12901	401,2	9941	309,2	12919	401,8
	A	78	2,4	52	1,6	57	1,8	—	—
Lupa	G	9969	310,0	14510	451,3	22462	698,5	40241	1251,5
	A	46058	1432,4	39149	1217,5	31784	988,5	21184	658,8
Sonstige Gebiete	A	175	5,5	326	10,2	227	7,1	1398	43,4
Tanganyika Territory		85996	2674,4	93942	2921,5	112267	3491,5	171332	5328,4
Ruanda-Urundi	A	—	435,0	—	429,8	—	600,9	—	883,7[1]
Deutsch-Ostafrika		—	3109,4	—	3351,3	—	4092,4	—	6212,1[2]

Zeichenerklärungen: G = Ganggold, A = Alluvialgold.

[1]) Zahl gilt für das ganze Jahr 1939.

[2]) Diese Zahl enthält die Produktion von Ruanda-Urundi für das ganze Jahr 1939.

Diese Zahlen zeigen, daß sich die Goldgewinnung von ganz Deutsch-Ostafrika in den letzten 4 Jahren mehr als verdoppelt hat; und zwar gilt diese Verdoppelung sowohl für das Tanganjika-Territorium als auch für Ruanda-Urundi. Im ganzen Jahre 1939 hat das Tanganjika-Territorium 5823 kg, Ruanda-Urundi 884 kg Rohgold geliefert, so daß die Gesamterzeugung Deutsch-Ostafrikas in diesem Jahre 6707 kg Rohgold betragen hat.

β) Die einzelnen Golddistrikte

1. Die Goldvorkommen des nördlichen Vererzungsgürtels
(Vgl. Tafel IV)

Fast alle bisher bekannt gewordenen Goldvorkommen dieses Vererzungsgürtels sind im Musoma-Golddistrikt zusammengedrängt. Außerhalb dieses Gebietes findet sich etwas Gold bei Lolionde westlich des Natronsees und westlich von Tanga am Sigifluß.

Musoma-Distrikt

Der Golddistrikt wird im Westen von der buchtenreichen Küste des Viktoriasees begrenzt. Die südliche Begrenzung bildet eine Linie, die vom Südufer des Speke Golfes in östlicher Richtung gegen den nahe der Kenyagrenze gelegenen Natronsee verläuft. Im Nordosten wird das Goldfeld von der alten deutsch-britischen Grenze eingesäumt.

Von dem auf 1132 m Meereshöhe gelegenen Viktoriasee steigt das Gelände nach Osten langsam an. Die höchste Erhebung wird im Nordosten mit 6037 Fuß (1835 m) erreicht (Tagari). Das Gebiet entwässert nach dem Viktoriasee. Von den zahlreichen, allgemein in OW-Richtung strömenden Flüssen führt allerdings nur der Marafluß im Norden des Distrikts das ganze Jahr hindurch Wasser. Nördlich des Flusses erhebt sich das Gelände entlang der Linie des Utimbaru-Abbruches. Südlich des Abbruches herrscht eine gebirgige Landschaft vor, die sich bis zu dem in den Speke Golf mündenden Ruwanafluß erstreckt. Weiter südlich wird das Gelände flach-wellig, nur von gelegentlichen kleinen Hügelgruppen unterbrochen.

Unter der Voraussetzung einer sorgsamen Beachtung der hygienischen Maßnahmen und bei vernünftiger Lebensweise muß der nördliche Teil des Distrikts als gesund bezeichnet werden. Im südlichen Teil tritt allerdings Schlafkrankheit auf, zu deren Bekämpfung in Ikoma ein Sonderhospital eingerichtet worden ist. Malaria beschränkt sich im ganzen Gebiet auf die küstennahen Teile. Im Landesinnern tritt sie nur an den Wasserstellen auf. Infolge des ziemlich trockenen Klimas herrscht im Musoma-Distrikt ein fühlbarer Wassermangel.

Vorkehrungen zur Wasserspeicherung müssen daher auf Grube und Siedlung getroffen werden. Baumwuchs fehlt fast ganz, und so ist der Distrikt auf eine Holzeinfuhr aus Kenya angewiesen. Die jährliche Regenmenge beträgt im Mittel etwa 760 mm. Sie fällt in der Regenzeit, die gewöhnlich vom Februar bis Mai dauert.

Die Eingeborenen sind im allgemeinen gute und zum Anlernen geeignete Arbeiter. Sie liefern zum Teil auch recht zuverlässige Vorarbeiter. Vor dem Weltkriege betrugen die Löhne 4—9 Rupien (etwa 5—12 RM.) monatlich ausschließlich Verpflegung. Im Jahre 1935 erhielten die eingeborenen Arbeiter nur 6—10 sh monatlich, wozu 4—5 sh für Verpflegung hinzukamen. Inzwischen sind die Löhne indessen wieder gestiegen und betrugen 1937 etwa 16,40 sh monatlich einschließlich Verpflegung.

Durch gute Straßen ist Muansa mit Musoma und Maji Moto verbunden. Diese Straßen sind auch in der Regenzeit durch Kraftwagen benutzbar. Bei Ikissu zweigt eine ebenfalls gute Straße nach Ikoma ab. Weniger gut und in der Regenzeit im allgemeinen schwierig passierbar sind die übrigen, zwischen den einzelnen Gruben angelegten Straßen. Die Schiffsverbindung auf dem Viktoriasee ist auf einen 14-tägigen Betrieb eingestellt. Angelaufen werden Kisumu und Musoma zur Verbindung nach Muansa und Entebbe (Uganda). Die genannten Plätze verfügen auch über Flughäfen.

In geologischer Hinsicht ist der Musoma-Distrikt charakterisiert durch das Vorherrschen der Schichten des oberen Grundgebirgskomplexes mit den in sie eingedrungenen jüngeren Graniten. Der Verband des Grundgebirges ist durch die Granite stark aufgelockert, so daß dieses nur in Form von Resten des ursprünglichen Dachgebirges auftritt. Diese Restpartien besitzen im einzelnen betrachtet kein regelmäßiges Streichen, doch ist ihre Gesamtlage von einer etwa ostwestlichen Richtung bestimmt. Die jüngeren Ablagerungen algonkischen Alters (Muva-Ankolesystem) sind auf ein verhältnismäßig kleines Gebiet beschränkt, und zwar treten sie hauptsächlich im NO des Distrikts nahe der Kenyagrenze auf.

Bezeichnend für die Verteilung der Goldvorkommen ist ihre Lage im Kontaktbereich des Granits. Es kommen Gänge und Nebengesteinsimprägnationen vor. Am Ausgehenden der Lagerstätten treten mitunter geringe eluviale Seifengoldvorkommen auf. Sie bilden indes eine Seltenheit, während die alluvialen Seifen überhaupt fehlen. Die gangförmigen Vorkommen sind, sofern sie im Granit auftreten, pegmatitisch entwickelt. Beim Hinübersetzen desselben Ganges ins Nebengestein verliert sich der pegmatitische Charakter, und es liegen dann echte Quarzgänge vor, von denen viele goldführend sind. Imprägnationen des Nebengesteins durch goldhaltige Pyrite sind aus Zerrüttungszonen, die parallel zum Granitkontakt im Grundgebirge verlaufen, bekannt.

Die ersten, vor dem Weltkrieg gemachten Goldfunde führten zu einer sehr beschränkten Ausbeute, die während des Krieges wieder zum Erliegen kam. Erst in den 20er Jahren konnte sich eine rege Prospektier- und Gewinnungstätigkeit erneut entfalten. Sie führte im Jahre 1927 zu einer Goldgewinnung von fast 23 kg Feingold. Anfang der 30er Jahre fand infolge der Abwertung des englischen Pfundes eine erhebliche Steigerung des Goldpreises statt, die sich stark auf die Gewinnungsziffern des Distrikts auswirkte. Die Rohgoldgewinnung stieg im Jahre 1933 auf fast 180 kg und überschritt im Jahre 1939 die Zahl von 1500 kg.

Die untenstehende Tabelle zeigt die Entwicklung des Goldbergbaues im Musoma-Distrikt. Trotz der Lückenhaftigkeit des zur Verfügung stehenden statistischen Materials läßt sich ein rasches und gleichmäßiges Ansteigen der Goldgewinnung in den letzten 10 Jahren erkennen. Das Goldausbringen zeigt Schwankungen der einzelnen Jahresdurchschnittszahlen, bleibt jedoch stets auf einem recht befriedigenden Stand.

Tabelle 2

Entwicklung der Goldproduktion des Musoma-Distrikts

Jahr	Rohgold		Feingold		Verarbeitetes Erz long tons	Ausbringen g/t Feingold
	oz	kg	oz	kg		
1927			737	22,9		
1928			2020	62,8		
1929			654	20,3		
1930			791	24,6	1400	17,5
1931			1006	31,2	1600	19,5
1932			3452	107,3	7887	13,6
1933	5784	179,8			12300	12,4
1934			6535	203,2	22500	9,0
1935			7366	229,0		
1936	21138	657,3	15665	487,1	41603	11,7
1937	26690	830,0	19312	600,6	43455	13,8
1938	45409	1412,2				
Jan.-Nov. 1939	48717	1515,0				

Der Feingoldgehalt des Rohgoldes errechnet sich nach den Werten von 1936 und 1937 im Mittel zu etwa 73%. Im ganzen dürfte der Musoma-Distrikt bis zum Jahre 1939 etwa 4200 kg Feingold geliefert haben. Der Bezirk weist 6 größere Goldbergwerke auf: Die Mara

Mine, die Buhemba-, Ikungu-, Mrangi-, Kiabakari- und Simba Sirori Mine. Außerdem sind mehrere Gruben von geringerer Erzeugungsfähigkeit im Distrikt vorhanden neben zahlreichen kleinen Vorkommen, die teilweise prospektiert und teilweise wieder aufgelassen wurden.

Mara Mine

Besitzer: South and Central African Gold Mines Ltd.

Das Vorkommen liegt etwa 32 km nördlich von Maji Moto im Bereiche eines ausgedehnten Störungsgebietes. Quarzgänge, die die einzelnen Quetschzonen durchsetzen, finden sich in einem Areal von über 6 km Länge. Von den zahlreichen goldführenden Quarzgängen bilden die als „Mara-Reef" und „Golden Glory-Reef" bekannten Vorkommen die Haupterzkörper. Im Jahre 1936 waren die Gänge bereits recht weitgehend aufgeschlossen. Folgende Werte sollen dabei angetroffen worden sein:

Das Mara-Reef führte in 150 Fuß (etwa 45 m) Tiefe und über 825 Fuß (etwa 248 m) aufgeschlossene Längenausdehnung 12,2 dwt/t (18,9 g/t) Feingold über eine Gangmächtigkeit von 25 Zoll (62,5 cm). In 220 Fuß (66 m) Tiefe war der Gang über eine Länge von 520 Fuß (156 m) aufgeschlossen und führte hier im Durchschnitt 12,5 dwt/t (19,3 g/t) Feingold über 22,5 Zoll (56 cm) mittlerer Gangmächtigkeit.

Das Golden Glory-Reef besitzt in 200 Fuß (etwa 60 m) Tiefe eine streichende Ausdehnung von 228 Fuß (68,5 m). Der 50,4 Zoll (126 cm) mächtige Gang soll im Durchschnitt (!) 38$^3/_4$ dwt/t (60,0 g/t) Feingold enthalten haben.

Diese zum Teil sehr hohen Goldgehalte haben sich in der Folge im praktischen Betrieb allerdings nicht halten lassen. Im Jahre 1937 setzte die Mara Mine 13454 t Golderze durch, wobei 7766 oz Rohgold bzw. 4826 oz Feingold erzeugt wurden. Das entspricht einem Mittelwert von nur 7,17 dwt/t (11,1 g/t) Feingoldgehalt.

Die Gewinnungsarbeiten begannen im Anfang der 1930er Jahre. Im Laufe der Zeit vergrößerte sich der Betrieb (14 Stempel-Pochwerk, Zyanidanlage). 1939 sind neben weiteren Verbesserungen und Vergrößerungen der Werksanlagen auch bedeutende Aufschlußarbeiten durch Tiefbohrungen durchgeführt worden. Es sollen sich hierbei gute Goldgehalte gezeigt haben.

Im Jahre 1938 erzeugte die Mara Mine 12735 oz (396,0 kg) Feingold. Das Goldausbringen betrug 13,4 g/t. Die letzten verfügbaren Angaben gelten für das zweite Vierteljahr 1939 (1. April bis 30. Juni) und weisen folgende Zahlen auf:

Verarbeitetes Erz	7200 t[1])
Erzeugtes Feingold	3871 oz. = 120,4 kg
Ausbringen	16,7 g/t

Der durchschnittliche Goldgehalt der bemusterten Erzreserven belief sich auf 22 g/t. Der ausgewiesene Betriebsgewinn beträgt für die genannte Zeit £ 7990. Die Betriebskosten werden mit 55 sh 1 d angegeben.

Buhemba Mine

Besitzer: South Nyanza Development Co. Ltd. und Buhemba Mines Ltd.

Im Gebiet der Buhemba Mine treten mehrere Quarzgänge unweit des Granitkontaktes auf. Dazu gehören die Gangvorkommen von Rubasi im Norden, die südlich davon liegenden Gänge der eigentlichen Buhemba Mine und ferner die Vorkommen von Irasenero.

Bei Rubasi setzen die Goldquarzgänge in einem Grünstein auf, der aus basischen Eruptivgesteinen hervorgegangen ist und am Granitkontakt auftritt. Die Gänge streichen an einem steilen Berghang des Piatikaberges aus, oberhalb der Zentralaufbereitung von Buhemba. Das Vorkommen wurde durch 2 Schächte aufgeschlossen und wies in 6 m Tiefe eine Anreicherungszone auf, in der Werte von 17,5 bis 27,0 g/t auftraten, während nahe der Oberfläche nur 1,8—4,5 g/t festgestellt wurden und in größerer Tiefe (bei 7,8 m) der Goldgehalt wieder auf 6 g/t absank.

In größerer Entfernung vom Granitkontakt (etwa 4,5 km) treten die Buhembagänge auf. Sie liegen unterhalb des Ostabhanges des Piatikaberges. Hier streichen Schichten der Tombstone-Formation in Wechsellagerung mit Bändereisensteinen aus. Dieses Grundgebirge besitzt ein etwa ostwestliches Streichen und wird in etwa 8 km Entfernung, im Südosten, von einer anderen Granitmasse durchdrungen. Am Piatikaberge sind 4 Gänge bekannt geworden. Zu diesen gehört auch der in Oberflächennähe außerordentlich reiche „Goldsmith Estate"-Gang, der bis zu 7 Fuß (2,1 m) Mächtigkeit besaß und im Durchschnitt 3 oz/t führte (93,3 g/t). Weiter südlich wurden zwei goldführende Gänge gefunden und zum Teil bis zu 400 m streichender Länge verfolgt. Die Goldgehalte, die hier auftraten, betrugen bis zu 3,5 oz/t (108,8 g/t). In größerer Tiefe sinkt der Goldgehalt auf 7—8 dwt/t (10,8—12,4 g/t). Die Gänge fallen flach und undulierend nach N ein und werden zum Teil im Tagebau abgebaut. Nachgewiesen wurden weitere Gänge, die ein steileres Einfallen besitzen. Sie sind bisher noch

[1]) Gemeint sind hier und in den folgenden Angaben long tons zu 1016 kg.

nicht näher untersucht worden, sollen indessen befriedigende Goldgehalte aufweisen.

Die Gänge von Irasenero durchsetzen weiter südlich von Buhemba die Phyllite der Tombstone-Formation. Hier ist das Gestein sehr stark karbonatisiert und besteht zu etwa $^2/_3$ aus Kalzit. Ein Gang gabbroiden Dolerits durchsetzt das Gestein in nordwestlicher Richtung. Von einer größeren Anzahl von Goldquarzgängen ist bisher nur einer zum Abbau gelangt. Es ist ein senkrecht einfallender Gang von 5—8 Fuß (1,5—2,4 m) Mächtigkeit. Der durchschnittliche Goldgehalt beträgt 6 dw/t (9,3 g/t).

Die in Buhemba befindliche Zentralaufbereitung verarbeitet die Erze aller 3 Vorkommen. Der Betrieb begann im Jahre 1930, wobei zunächst die überaus reichen Erze zur Verarbeitung gelangten. Im Laufe dieses Jahres wurden zwar nur 357,7 t Erze durchgesetzt, das Ergebnis war jedoch nicht weniger als 471,5 oz (14,6 kg) Rohgold bzw. 425,6 oz (13,2 kg) Feingold. Das durchschnittliche Ausbringen betrug demnach 23,8 dwt/t (36,9 g/t). Im nächsten Jahre ruhte der Betrieb, um 1932 in vergrößertem Ausmaße wieder aufgenommen zu werden. In diesem Jahre kamen ärmere Erze zur Aufbereitung. Es wurden 1663 t durchgesetzt und 804 oz Feingold gewonnen (25 kg). Die weitere stetige Betriebserweiterung brachte im Jahre 1937 folgende Ergebnisse:

Verarbeitetes Erz	10231 t
Erzeugtes Rohgold	7911 oz (246 kg)
Erzeugtes Feingold	5708 oz (179,5 kg)
Ausbringen	11,16 dwt/t (17,2 g/t)

Im Jahre 1938 ist eine weitere bedeutende Steigerung sowohl der gewonnenen Goldmenge als auch des Goldausbringens zu verzeichnen. Es wurden erzeugt 9502 oz (295,5 kg) Feingold bei einem Goldausbringen von 23,5 g/t.

Ikungu Mine

Besitzer: Major A. Russell.

Dieses im Jahre 1935 entdeckte, südlich der Stadt Musoma gelegene Goldvorkommen gehörte in den letzten Jahren zu den bedeutenderen Golderzeugern des Distriktes. Eine wissenschaftliche Untersuchung der Lagerstätte steht noch aus. Ebenso fehlen alle näheren Angaben über den Betrieb.

Im Jahre 1937 wurden hier 4299 t Erz verarbeitet und 3391 oz (105,4 kg) Rohgold entsprechend 2908 oz (90,4 kg) Feingold gewonnen. Der durchschnittliche Feingoldgehalt des Rohhaufwerks betrug demnach

13,53 dwt/t (20,9 g/t). Im Jahre 1938 konnten nur 2736 oz (85,0 kg) Rohgold aus 7286 t Haufwerk gewonnen werden. Der Goldgehalt der Erze ist also sehr stark gesunken.

Mrangi Mine

Besitzer: R. und F. Napier Clark.

Das Vorkommen liegt im östlichen Teil der Majita-Halbinsel am Viktoriasee südsüdwestlich von Musoma. Eine große Anzahl fast senkrechter, überwiegend parallel zueinander verlaufender Gänge wurden in den 1920er Jahren in der hier auftretenden Tombstone-Formation entdeckt. Bis 1937 wurden 109 Gänge festgestellt. Von diesen Gängen besitzen 5 größere Abmessungen und sind in bergbaulicher Hinsicht von Bedeutung. Die wertvollen Vorkommen finden sich in Chloritschiefern, Grünsteinen und Epidioriten. Basische Eruptiva des oberen Grundgebirgskomplexes sind in einiger Entfernung vom Granitkontakt festgestellt worden. Der Granit streicht etwa 10 km nordwestlich der Hauptvorkommen aus. Weitere Granitaufschlüsse liegen 2 km westlich und 5 km südwestlich des Vorkommens.

Die Goldquarzgänge laufen im allgemeinen parallel zur OW gerichteten Schieferung, jedoch kommen auch querliegende Gänge vor. Große Flächen in ihrem Ausstrichgebiet sind von goldführenden Lockermassen bedeckt.

Die größeren Gänge sind teilweise bis zu einer Tiefe von 130 Fuß (rund 40 m) aufgeschlossen. Bei Mächtigkeiten von 18—36 Zoll (45 bis 90 cm) sollen sich die Goldgehalte beim Probenehmen zwischen 5 und 12 dwt/t (7,7—18,6 g/t) bewegen. Es treten indes an einzelnen Reichzonen sehr hohe Werte auf, die es ermöglichen, den ganzen Gang als eine wirtschaftlich lohnende Lagerstätte zu bezeichnen, obschon etwa 80% der Gangmasse arm oder taub sind. Die reichen Stellen sind an schräg einschiebende Streifen mit Rißzonen und Hohlräumen geknüpft, die von feinen Lettenmassen erfüllt sind (Abb. 3). In diesen Lettenstreifen finden sich die reichsten Goldansammlungen. Auf einem Gang wurden in 120 Fuß (36 m) Tiefe 13 solcher „Taschen“ aufgefahren und ihnen 280 t Erz entnommen. Diese lieferten 817 oz (25,4 kg) Gold entsprechend einem Ausbringen von über 90 g/t.

Die Erzeugung begann im Jahre 1932 mit 280 oz (8,7 kg) Feingold, die aus einer Erzmenge von nur 223,5 t stammten. Schon 2 Jahre später konnte der Jahresdurchsatz auf 1370 t erhöht werden, wobei 1600 oz (49,7 kg) Rohgold gewonnen wurden. Mit der Klärung der geologischen Verhältnisse erhöhten sich die Ziffern für das Goldausbringen sprunghaft. Das Jahr 1937 zeigte folgende Betriebsergebnisse:

Verarbeitetes Erz	1089 t
Erzeugtes Rohgold	2800 oz (87,0 kg)
Erzeugtes Feingold	2527 oz (78,6 kg)
Ausbringen	72 g/t

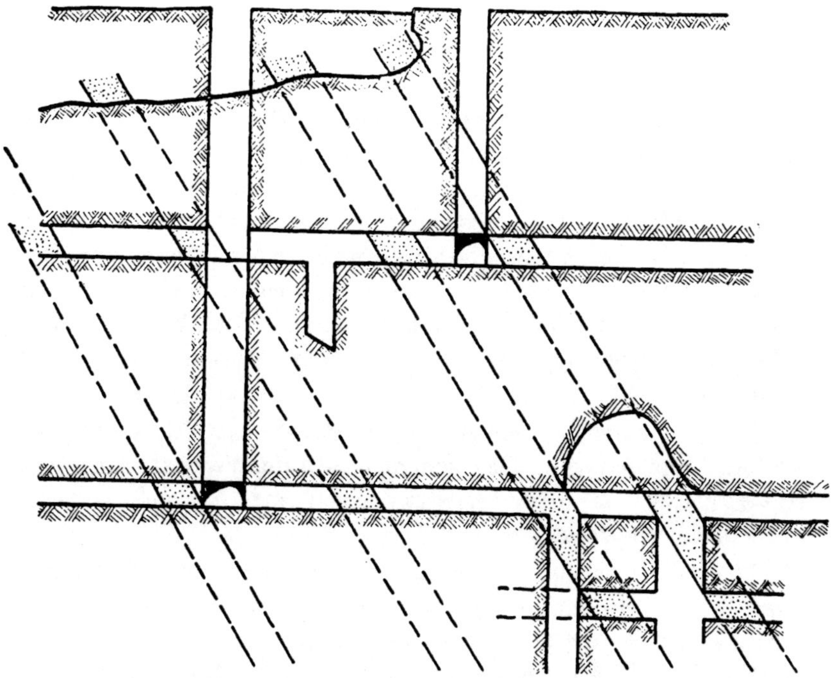

Abb. 3. **Die Verteilung der Reichzonen im Erzkörper der Mrangi Mine.**
Die durch Bergbau aufgeschlossenen Teile der Zonen sind durch Punktierung hervorgehoben.
Nach L. R. Ramsden

Die Betriebskosten waren anfänglich sehr niedrig und betrugen 1934 nur 12 sh je Tonne Erz.

Die Grube bezieht ihr Wasser durch eine Pumpanlage und eine 2,5 Meilen (4 km) lange Rohrleitung aus dem Viktoriasee. Eine gute, etwa 37 Meilen (60 km) lange Straße verbindet das Bergwerk mit Musoma.

Kiabakari Mine

Besitzer: Major G. L. O. Grundy.

Die Grube liegt im Bereiche basischer Vulkanite und Epidiorite, in die ein Gürtel von Eisenquarziten mit Serizit- und Graphitschiefern eingeschaltet ist. Südlich der Grube streicht der intrudierende Biotitgranit aus. Von diesem ausgehend und parallel zu seinem Kontakt verlaufend treten zahlreiche Gänge von Aplit und Dazit bzw. Quarzporphyr in den Grünsteinen auf. Offenbar als Abschluß dieser Gangnachschübe fand die Vererzung statt, verbunden mit einer Serizitisierung und Propylitisierung. An Mineralien hydrothermaler Entstehung treten auf: Flußspat, Apatit, Chlorit, goldführender Pyrit und Arsenkies; außerdem finden sich Epidot, Aktinolith, Zoisit und Granat.

In erster Linie sind es die granulitischen Aplitgänge, die von der Vererzung erfaßt wurden, die Goldquarz und goldführenden Pyrit mitbrachte. Sie erstreckt sich jedoch auch auf das Nebengestein, also auf die Epidiorite und Grünsteine. Der Haupterzkörper liegt quer zu einem Aplitgang und setzt sich in einem anderen Aplitgang fort. Diese Imprägnationszone soll bei 200 Fuß (etwa 61 m) Länge etwa 13—14 g Gold je Tonne über durchschnittlich 30 Fuß (etwa 9 m) Mächtigkeit führen. Das Ergebnis dieser Probenahme hat sich indes durch die Betriebsziffern nicht bestätigen lassen. Aus den im Jahre 1937 durchgesetzten 6161 t Erz konnten nur 1349 oz (41,9 kg) Rohgold entsprechend 1048 oz (32,6 kg) Feingold gewonnen werden. Das hieraus sich ergebende Ausbringen von 5,3 g/t ist eines der niedrigsten unter allen Gruben des Distriktes. Die Wirtschaftlichkeit des Betriebes scheint nur durch besonders günstige Verhältnisse ermöglicht zu sein.

Simba Sirori Mine

Besitzer: Der Inder Nanak Chand.

Das östlich der Buhemba Mine gelegene Vorkommen besteht aus einer größeren Zahl von Goldquarzgängen, die in Grünsteinen nahe dem Granitkontakt aufsetzen. Die im allgemeinen recht geringmächtigen Gänge (wenige Zoll bis über 2 Fuß) führen stark schwankende Goldgehalte. Die Werte bewegen sich in den abbauwürdigen Gängen etwa zwischen 6 dwt/t und 30 dwt/t (9,3—46,5 g/t). Das Gold scheint wenigstens zum Teil an den Pyrit gebunden zu sein. Im Westen des Grubengebietes treten Serien von Quarzlinsen zu beiden Seiten eines Granitporphyrganges auf. Als Höchstwert wird hier ein Goldgehalt von 38,3 dwt/t (59,5 g/t) angegeben. Der Inhalt eines linsenförmigen Goldquarzkörpers wird auf 430 t geschätzt. Die Mächtigkeit beträgt 2,5—5 Fuß (0,75—1,5 m).

Außer diesen Gangvorkommen liegt in Simba Sirori noch eine ausgedehnte Verwitterungslagerstätte vor. Es handelt sich um eine eluviale Lateritdecke und um detritalen Quarzschotter, die über dem Granit und dem Grünstein liegen. Die Mächtigkeit dieses Lagers beträgt etwa 5 Fuß (1,5 m); der vorhandene Vorrat an diesem goldführenden Material soll sich auf einige 25000 t bei angeblich 7—8 dwt/t (10,8—12,4 g/t) Goldgehalt belaufen.

Der Bergbaubetrieb setzte auf Simba Sirori im Jahre 1927 ein und scheint im ganzen recht unregelmäßig gewesen zu sein. In den Jahren 1932 bzw. 1933 wurden 199 oz und 132 oz jährlich an Rohgold gewonnen (das ist 6,18 und 4,10 kg). 1934 wurden erstmalig größere Mengen der Erze verarbeitet und dabei aus 4800 t Rohhaufwerk 1626 oz (50,5 kg) Rohgold erzeugt.

Im Jahre 1937 wurden 3153 t Erze durchgesetzt. Die Menge des gewonnenen Rohgoldes betrug 1130 oz (35,1 kg) entsprechend 834 oz (25,9 kg) Feingold. Das Goldausbringen war demnach 5,29 dwt/t (8,2 g/t).

Kleinere Vorkommen des Musoma-Distriktes

Von den 19312 oz Feingold, die im Musoma-Distrikt im Jahre 1937 gewonnen wurden, entfallen 17851 oz, das ist über 92%, auf die erwähnten sechs Gruben. Die übrigen Minen sind klein und nur zum Teil noch im Betrieb. Nähere Angaben sind meist von ihnen nicht erhältlich und es wird der Zukunft zu überlassen sein, ein endgültiges Urteil über die zahlreichen Gewinnungs- und Fundpunkte von Goldvorkommen auf Grund eingehender Prospektion zu fällen. Die verfügbaren Mitteilungen über diese Vorkommen sollen hier zusammengestellt werden.

Hinterland von Schirati

Die hier vor dem Weltkriege durchgeführten Prospektionsarbeiten stellten das Vorkommen von Goldquarzgängen fest. Es sind nur kleinere Lagerstätten bekannt geworden.

Tarime. Vorkommen von größerer Ausdehnung, aber geringen Goldgehalten sind hier im östlichen Teil des Utimbaru-Abbruches beim Prospektieren durch das Eldoret Mining Synd. nachgewiesen worden. Es handelt sich um eine pyritische Imprägnation in phyllitischen Schiefern und sauren Tuffen durch Apophysen des Granits. Auf dem oberen Rand des Utimbaru-Abbruches liegt südlich der dort befindlichen Missionsstation eine etwa 200 Fuß (61 m) lange Vererzungszone, die verquarzt ist und neben Pyrit auch Turmalin und Epidot aufweist. An der Oberfläche treten Werte von 4—13 dwt (6,2—20,1 g) Gold je Tonne auf. In 30 Fuß (9 m) Tiefe fanden sich 9,4 dwt/t (14,5 g/t) über 27 Zoll (67 cm) Mächtigkeit der Imprägnationszone. Nordwestlich von hier wird die Zone 3—4 Fuß (90—120 cm) mächtig und führt einen

Goldgehalt von 8 dwt/t (12,4 g/t). Hier treten auch einige Gesteinsgänge (Felsite und ein Gang von mehr basischem Typ) auf. Auch sie führen etwas Gold (1,5 g/t). Am Kioriberg wird ein Bändereisenstein durch goldhaltigen Pyrit imprägniert. Die Goldführung soll 10 bis 15 dwt/t über 3—4 Fuß Mächtigkeit betragen (15,5—23,2 g/t über 90—120 cm). Nahe der Missionsstation intrudiert ein Quarzsyenitgang in das Grundgebirge und wird von Turmalin-Pyrit-Quarzgängen begleitet. Es sollen hier gute Werte beobachtet worden sein, weitere Erschließung ist jedoch unterblieben. Im Gebiet des Mori-Flußsystems und in der Gegend des Utimbaru-Abbruches wurde im Jahre 1933 intensiv prospektiert und eine weite Verbreitung einer armen Vererzung festgestellt. Die meisten Proben vererzter Gesteine zeigten bis höchstens 2—3 dwt/t (3,1—4,6 g/t) Goldgehalt. Gelegentlich fanden sich Gehalte bis zu 5 dwt/t (7,7 g/t). Ein kleiner Arsenkies-Quarzgang ergab 200 dwt/t (310 g/t).

Nyamongo. Das Gangvorkommen liegt im Bereich eines veränderten Gabbros nahe dem Granitkontakt. Im einzelnen handelt es sich in Alt-Kumulera um zwei Gänge von Quarz bzw. Felsit, die mit 60° nach NW einfallen und eine etwa 60 cm mächtige Vererzungszone umschließen. In Oberflächennähe sollen 17 dwt, in 25 Fuß Tiefe 7 dwt/t an Goldgehalt angetroffen worden sein, also 26,3 bzw. 10,8 g/t. Im Felsit wird der goldführende Pyrit von Arsenkies begleitet.

Ein 2,5—3 Fuß mächtiger Quarzgang von etwa 90 m Länge durchsetzt bei Neu-Kumulera einen Quarz-Serizitschiefer mit steilem südlichen Einfallen. Angaben über seine Goldführung fehlen. In Nyankuru treten drei Gänge auf. Ein 60 m langer Gang fällt mit 36° nach S ein. Er durchsetzt einen grobkörnigen metamorphen Gabbro. Bei einer Mächtigkeit von etwa 32 cm soll er 10 dwt (15,5 g) Goldgehalt je Tonne aufweisen. Die Goldführung der beiden anderen Gänge ist nicht bekannt, ebensowenig diejenige der übrigen in der weiteren Umgebung ausstreichenden Quarzgänge.

Tigiti (Putunya). Am Tigitifluß nördlich von Nyamongo treten kleine Gänge und Quarztrümer am Kontakt von Gabbro mit dem Granit auf. Etwa 10 verschiedene Vorkommen von wenigen Zoll bis 3 Fuß (90 cm) Mächtigkeit sind bekannt geworden. Ihre Längenausdehnung ist noch unbekannt. Die Goldgehalte bewegen sich zwischen wenigen Gramm und 2—3 oz (62—93 g) je Tonne. Im Jahre 1933 wurden hier 3,75 t Erz verarbeitet und 3,65 oz (113 g) Rohgold gewonnen.

Nyankoba. Diese Vorkommen liegen etwa 15 Meilen (24 km) südlich der Kenyagrenze, 65 Meilen (104 km) östlich von Musoma in bewaldeter Gegend und sind etwa 1 km vom Marafluß entfernt. Einzelne Gänge sind von Kirembe, den Nyankobabergen und von Kaisawasawa bekannt.

Bei Kirembe streicht ein 60° nach SW fallender Quarzgang von 30 Zoll (75 cm) Mächtigkeit aus. Sein Goldgehalt beträgt 11,5 dwt/t (17,8 g/t). Das Nebengestein ist ein epidotisierter und durch Druck in Serizitschiefer umgewandelter Granit. Neben gediegenem Gold finden sich Pyrit, Kupferkies, Bleiglanz, Epidot, Kalzit. Ein anderer größerer Gang, der hier ausstreicht, ist sulfidarm. Ähnlich dem Vorkommen von Kirembe sind die Gänge der Nyankobaberge. Es liegen hier zum Teil linsenförmige Körper und bis 90 cm mächtige Gänge vor. Sichtbares Gold ist häufig, und die Gehalte sollen hoch sein. Daneben finden sich Bleiglanz, Pyrit, Kupferkies und Malachit. In Nyamgugi wurde ein nur etwa 10 cm mächtiger Gang mit sehr hohen Werten und viel sichtbarem Gold gefunden. Das Nebengestein ist ein geschieferter aplitischer Granit. Westnordwestlich vom letztgenannten Vorkommen wurden bei Kaisawasawa mehrere Gänge gefunden, so bei Musege zwei Gänge von 1—1,5 m Mächtigkeit mit vererzten Serizitschiefern im Liegenden. In der Sicherschüssel konnten etwa 15 dwt (23,2 g) Gold je Tonne nachgewiesen werden. Außer Gold treten Pyrit, Kupferkies, Bleiglanz, in der Oxydationszone Azurit, Malachit sowie Rot- und Brauneisenerz auf. Westlich von diesem Vorkommen streicht ein etwa 60 cm mächtiger Gang aus, der ähnlich hohe Werte beim Sichern lieferte (10—20 dwt/t). Eine Analyse der Gangproben soll sogar 50,5 dwt/t (78,2 g/t) Goldgehalt gezeigt haben. Offenbar ist viel Gold im Pyrit enthalten. Auch nordöstlich von Nyankoba treten goldverdächtige Gänge auf; einer davon ist 60 m lang und besitzt eine Mächtigkeit von 38 cm. In Kubirama, das unweit von Nyamongo liegt, findet sich eluviales Material in der Nachbarschaft mehrerer Quarzgänge. Diese teilweise brekziösen Gänge zeigen die Neigung, bald auszukeilen.

Engerer Musoma-Bezirk

Maji Moto. Das ostnordöstlich von Simba Sirori und südlich der Mara Mine in der Nähe einer heißen Quelle gelegene Bergwerk begann die Produktion im Jahre 1929. Der Haupterzkörper ist eine Imprägnationszone in Grünsteinen, die von vererzten Quarzgängen durchzogen werden, wobei grün und rot gebänderte Gesteine Übergänge vom Quarz des Ganges zum Nebengestein bilden. Die 1—6 m mächtige Imprägnationszone erstreckt sich über mehrere Kilometer. Etwa 600 Fuß (182 m) der Zone sind durch fünf Schächte aufgeschlossen, und die hier festgestellten Goldgehalte belaufen sich auf 8—12 g/t. Nach der Tiefe zu soll der Goldgehalt abnehmen.

1929 wurden 1603 t Erz verarbeitet und ergaben 685,29 oz (21,3 kg) Feingold. Die Grube ist in der Folge sehr unregelmäßig betrieben worden. Die Ergebnisse für 1932 waren: Durchsatz 1911 t, erzeugtes Feingold 731 oz (22,7 kg). Das Ausbringen je Tonne Erz war demnach 11,9 g. Im Jahre 1934 wurden 3973 t Erz durchgesetzt und 585 oz (18,2 kg) Feingold gewonnen. Dies bedeutet, daß das Ausbringen an Feingold auf etwa 4,5 g/t abgesunken war.

Kitarahota. Das etwa 4 km ostsüdöstlich von Maji Moto gelegene Vorkommen besteht aus einer Reihe von Quarzgängen im Grünstein nahe dem Granitkontakt. Es sind im ganzen sechs Gänge bekannt, die zum Teil an der Oberfläche hohe Goldgehalte aufwiesen. So lieferte ein Gang im Laufe von acht Tagen 221 oz Rohgold (6, 8 kg). Die Werte betragen an der Oberfläche zum Teil bis zu einer Unze; schon in einigen Metern Tiefe fallen sie jedoch auf wenige g/t. Die Gänge werden bis zu 1,5 m mächtig und erreichen Längen von über 200 m.

Kitengera. Etwa 4 km ostnordöstlich von Maji Moto tritt ein Quarzgang in Rhyolithen, Tuffen und Agglomeraten auf. Das Vorkommen soll hohe Werte und viel sichtbares Gold geführt haben. Bis auf kleine Reste ist die Lagerstätte jedoch erschöpft. Ein westlich davon ausstreichender Pyrit-Quarzgang führt kein Gold.

Magendagenda (Nyabukanu). Das Vorkommen liegt westlich der Muansastraße, gleich nördlich des Abzweiges nach Maji Moto. Es ist etwa 20 Meilen (32 km) von Musoma entfernt. Vier schwache Gänge durchsetzen einen Mikroepidiorit (Grünstein), der lokal zu Hornblendeschiefer und Mikroamphibolit verändert worden ist. Im Jahre 1933 wurden hier 94 t Erze verarbeitet und dabei 39 oz (1,2 kg) Rohgold gewonnen. Am Kontakt des Grünsteins mit dem Granit sind nordwestlich von Magendagenda weitere kleine Goldvorkommen bekannt. Die Erze der Abdallah Sajan gehörenden Lagerstätte wurden 1935 in einem 2-Stempel-Pochwerk verarbeitet. Das Vorkommen ist nur wenig aufgeschlossen. Auch bei Maragombe nördlich von Magendagenda findet sich ein Quarzgang von bedeutender Mächtigkeit, der Hornblendeschiefer und Tuffe durchsetzt. Über seine Goldführung ist nichts bekannt geworden.

Nyasikiro. In der Nähe von Kiabakari treten Quarzgänge im Grünstein am Kontakt mit dem Granit auf. Die Kisiwa Ltd. prospektierte hier im Jahre 1935.

Bahumba-Mikuru. Dieses in der Nähe der Mrangi Mine gelegene Gebiet wird als goldverdächtig bezeichnet.

Saki (Katara). Bei Saki östlich Mrangi liegen Quarzgänge vor, die den Grünstein nahe dem Granitkontakt sowie die Schichten der Tombstone-Formation durchsetzen. Südlich des Kataraberges treten 14 Gänge und Trümer auf. Die Goldgehalte sind niedrig. Weitere 4 Gänge streichen nördlich des Berges aus. Im Osten liegt der am besten vererzte Gang, auf dem sechs Schächte abgeteuft wurden. Die Analyse ergab einen Goldgehalt von 20 dwt/t (31 g/t). In einem der Schächte sollen Erze von 5 oz (155 g) Goldgehalt angetroffen worden sein. Am Kusasati soll der Gangquarz 32 dwt/t (49,6 g/t) Gold enthalten haben.

Nyamono. Etwa 13 km ostsüdöstlich von Mrangi und 32 km westlich der Kwiguta Mine sind Goldquarzgänge im Bereiche einer Bodenwelle der Suguti-Steppe festgestellt worden. Es sollen hier zahlreiche NO—SW-streichende, steil einfallende Gänge von 1—5 m Mächtigkeit vorliegen. Schürfe bis zu 10 m Tiefe zeigen ein Aushalten der Mächtigkeiten. Der Durchschnittsgehalt wurde aus 111 Analysen zu 12,4 g/t bestimmt. Nach Angaben des Besitzers soll der Erzvorrat 200000—300000 t betragen. Die ersten hier verpochten 100 t Erze ergaben 21 oz Rohgold. Das Ausbringen betrug 6,5 g/t.

Nyabwekki. 3 km südwestlich des Überganges der Mrangistraße über den Sugutifluß wird der Mikroepidiorit von zahlreichen aplitischen und porphyrischen Gängen durchsetzt. Die hier auftretenden, 10 bis 80 cm mächtigen Quarzgänge sollen bis 4 dwt/t (6,2 g/t) an Goldführung aufweisen.

Lonesome Mine. Die Grube liegt etwa 6 km westlich des Iraseneroberges. OW-streichende Phyllite und Hornblendeschiefer der Tombstone-Formation werden auf einer Länge von fast 2,5 km von einem System paralleler Quarzgänge durchsetzt. Im östlichen Teil vereinigen sich die Gänge zu Mächtigkeiten von 1,5—2 m und führen hier 5—8 dwt Gold je Tonne (7,7—12,4 g/t). Sonst beträgt ihre Mächtigkeit nur 5—90 cm. Da jedoch das Nebengestein häufig von ganzen Schwärmen von Quarztrümern stockwerkartig durchsetzt wird, kommen Abbauweiten bis zu 7 Fuß (2,1 m) in Frage. 1933 wurden 1075 t Erz verarbeitet und 334,2 oz (10,38 kg) Rohgold gewonnen. Das Ausbringen betrug also 9,6 g Rohgold je Tonne. Im Jahre 1934 erzeugte die Grube 282 oz (8,77 kg) Rohgold.

Ikissu-Goldfeld. Das schon vor dem Weltkriege bekannt gewordene Vorkommen liegt etwa 30 km nordöstlich des östlichen Endes vom Spekegolf zwischen den Bergen Tschanyare und Tschamasaweta.

Das OW-streichende Grundgebirge wird von parallel und quer dazu verlaufenden Quarzgängen durchsetzt. Angeblich sollen Erze mit 2,5 oz (77,7 g) Goldgehalt je Tonne vorliegen.

Nyasirori. Das südwestlich der Lonesome Mine gelegene Vorkommen besteht aus einer größeren Anzahl kleiner Quarzgänge und -trümer in einem Gürtel der Tombstone-Formation, der zwischen zwei Schichten von Bändereisensteinen eingekeilt ist. Das Grubenfeld umfaßt eine Fläche von 3 × 8 Meilen (4,8 × 12,8 km). Abbauwürdige Erze sind auf Reichzonen innerhalb des Gürtels beschränkt. Ein Schacht folgt dem 80° einfallenden Vorkommen bis auf 75 Fuß (22,5 m) Tiefe und erschließt zwölf parallel verlaufende Trümer von Quarz, der sichtbares Gold führt. Das graue Nebengestein (karbonatisierter Felsittuff) ist von Pyrit und Arsenkies imprägniert. Der Goldgehalt soll nach einer Analyse 33,8 dwt/t (52,4 g/t) betragen. Der Gang ist 90 cm mächtig. Da beim Sichern nur ein Goldgehalt von 5 dwt festgestellt wurde, ist das meiste Gold offenbar an den Pyrit gebunden.

Bis zum Jahre 1934 zeigte die Grube folgende Betriebsergebnisse:

Jahr	Durchsatz t	Erzeugung von Rohgold		Rohgold-ausbringen g/t
		oz	kg	
1930	635	472,5	14,69	23,1
1931	879	885,2	27,53	31,3
1932	456	279,8	8,70	19,0
1933	764	741,9	23,07	30,2
1934	821	492,0	15,30	18,6

Die hohen Werte für das Ausbringen in den Jahren 1931 und 1933 erklären sich durch die gesteigerte Wiederverarbeitung alter Abgänge mit Hilfe des Zyanidverfahrens.

Mkukubi. Liegt 4 Meilen (6 km) nördlich von Nyasirori. Das Vorkommen besteht aus fünf Quarzgängen von 45—60 cm Mächtigkeit. Die Goldgehalte sind niedrig.

Tatiro. Das Vorkommen liegt ebenfalls nördlich von Nyasirori und wird von diesem Werk mit bearbeitet.

Blue Ridge. Etwa 8 km südlich der Lonesome Mine streichen stark zersetzte blaßgelbliche Gesteine (Felsite?) und lila gefärbter Phyllit aus. Zwischen den beiden Gesteinen liegt ein etwa 250 Fuß (75 m) langer Quarzgang von 0,3—1,3 m Mächtigkeit. Proben ergaben im Sichertrog Goldgehalte von 8—10 dwt/t (12,4—15,5 g/t). Das Vorkommen wird in primitiver Weise abgebaut, so daß die Goldverluste sehr hoch sind. 1933 wurden aus 335 t Erz 70,3 oz (2,18 kg)

Rohgold und 1934 aus 642 t Erz 128 oz (3,98 kg) Rohgold gewonnen. Das Rohgoldausbringen war also 6,5 bzw. 6,2 g/t.

Kwiguta Mine. Das 1932 entdeckte Vorkommen liegt etwa 6 km südlich von Nyasirori. Im ganzen sind hier 13 Gänge bekannt. Der 15—40 cm mächtige Hauptgang streicht über 250 m Länge und soll 62,6—100 dwt/t (97—155 g/t) Feingold führen. Er ist durch sechs Schächte bis auf eine Tiefe von 12 m aufgeschlossen. Weitere Quarzgänge zeigen Goldgehalte von 8 dwt/t (12,4 g/t). Ein kleiner Gang im Süden des Grubenfeldes wies Analysenwerte von 16—22 dwt/t (24,8—34,1 g/t) auf. Die Gänge im Südwesten des Gebietes sind ärmer und führen zum Teil nur Gehalte von 4,4 und 5 dwt/t (6,8—7,7 g/t). Insgesamt sind an Ganglängen etwa 1600 m festgestellt worden. Bei einer durchschnittlichen Mächtigkeit von 40 cm soll mit 16 g/t als mittlerem Goldgehalt gerechnet werden können.

1933 wurden 29 t Erze durchgesetzt und 17 oz (0,5 kg) Rohgold gewonnen. Ein Jahr darauf erzeugte die Mine 168 oz (5,2 kg) Rohgold aus 465 t Erz. Für diese beiden Jahre errechnet sich das Ausbringen auf 18,2 und 11,2 g/t Rohgold.

Kiregi. Das Vorkommen befindet sich südöstlich von Kwiguta nahe der Straße nach Muansa. Mehrere Quarzgänge setzen in karbonatisierten Phylliten und druckgeschieferten Felsiten nahe dem Granitkontakt auf. Die meist nur schmalen Gänge führen neben Freigold auch Pyrit und Bleiglanz. Ein größerer Gang von 30—60 cm Mächtigkeit, der steil nach S einfällt, lieferte auf den ersten 7 m Tiefenaufschluß etwa 15 dwt/t (23,2 g/t) Gold. In größerer Tiefe sank der Wert auf 10 dwt/t (15,5 g/t). Betriebsergebnisse zeigten im Jahre 1933 beim Durchsatz von 224 t Erz und 72,25 oz (2,25 kg) Rohgoldgewinnung ein durchschnittliches Goldausbringen von rund 10 g/t.

Musangumbe. Etwa 5 km südlich von Kiregi finden sich Quarzgänge, die in der Tombstone-Formation aufsetzen. In geringem Umfang scheint hier eine Goldgewinnung stattgefunden zu haben.

Ikoma-Bezirk

Nigoti. Das Vorkommen von Nigoti liegt nordwestlich von Ikoma. Vor dem Weltkriege wurde der Betrieb von Pächtern der Central-Afrikanischen Bergwerks-Gesellschaft aufgenommen. Die linsenförmigen Quarzgänge treten in den Schichten der Tombstone-Formation etwa 2,4 km südlich des Granitkontaktes auf. Ihre Gesamtlänge beträgt etwa 1200 Fuß (365 m). Die Mächtigkeit schwankt zwischen 30 und 175 cm. Die Gänge sind zum Teil bis auf 120 Fuß (36 m) Tiefe aufgeschlossen, und die Ergebnisse der Probenahme zeigten nahe der

Oberfläche Goldgehalte von 7—8 dwt/t (10,8—12,4 g/t). Der höchste Wert von 19,4 dwt/t (30 g/t) wurde bei 45 Fuß (13,5 m) Tiefe festgestellt. Weiter unterhalb schwankten die Werte zwischen 0,4 und 5,6 dwt/t (0,6—8,6 g/t).

Eine Detrituslagerstätte begleitet die Gangvorkommen. Sie enthielt 2,3—4,5 g Gold je Tonne. Das etwa 1 m mächtige und 300 × 100 m große Lager wurde tagebaumäßig abgebaut.

In den Jahren 1932—1934 wurden auf Nigoti folgende Betriebsergebnisse erzielt:

Jahr	Durchsatz t	Rohgold		Feingold		Ausbringen g/t
		oz	kg	oz	kg	
1932	2543	623	19,37	495	15,39	6,0
1933	2956	392	12,19	315	9,79	3,3
1934	1183	113	3,51	87	2,70	2,3

Eine Reihe weiterer Gänge kommen in der Umgebung von Nigoti vor, so z. B. etwa 1 km nördlich bei Edward's Claims, wo eine Probe 9 dwt/t (13,9 g/t) an Goldgehalt aufwies. 4,5 km südöstlich von Nigoti wurde schon zur deutschen Zeit prospektiert. 7,5 km östlich führt ein kleiner Gang einen Goldgehalt von 2,6 dwt/t (4 g/t).

Sargidi. Die unregelmäßigen, in Phyllit- und Quarzitschiefern aufsetzenden Gänge wurden schon 1904 nördlich von Ikoma, beim Dorf Sargidi, entdeckt. Die normal 20—75 cm mächtigen Gänge schwellen stellenweise bis auf 6 m an. Die Goldgehalte sind äußerst unregelmäßig und sollen sich zwischen Spuren und 217 g/t bewegen.

Nordöstlich von Ikoma sollen drei weitere Goldvorkommen festgestellt worden sein.

Im SO von Ikoma zieht sich eine Reihe von Goldlagerstätten längs des Granitkontaktes hin. Dazu gehören die Vorkommen von Rohogo, Kilimafeza, Nyabogati, Magongo und Panonia (Abb. 4).

Rohogo. Die hier in metamorphen Schiefern auftretenden Quarzlinsen erstrecken sich über fast 1 km Länge. Sie erreichen Mächtigkeiten bis zu 31 Fuß (9,4 m). Das Hauptvorkommen wird von einer großen Linse gebildet, die etwa 30 m lang ist. Ihre Mächtigkeit beträgt an der Oberfläche 25 Fuß (7,5 m), erreicht bei 27 m Tiefe mehr als 9 m und geht bei 50 m Tiefe auf 1,3 m zurück. Der Quarz der Linse ist weiß oder in verschiedener Stärke blaugrau gefärbt. Während die weißen Partien nur etwa 5 dwt/t (7,7 g/t) Gold führen, steigt der Goldgehalt bei den dunklen Quarzzügen auf 8—10 dwt/t (12,4 bis 15,5 g/t). Neben Gold treten Pyrit, Kupferkies, Bleiglanz, an der Oberfläche Malachit auf. Ein anderes Goldvorkommen findet sich in einer von Quarzgängen durchsetzten Druckzone, die bis zu 90 cm mächtig wird. Eine Probe von hier ergab 15 dwt/t (23,2 g/t) Goldgehalt.

2,5 km nordwestlich von Rohogo streicht ein 2—5 Fuß (0,6—1,5 m) mächtiger und etwa 150 m langer, gut vererzter Gang aus. In 4 km

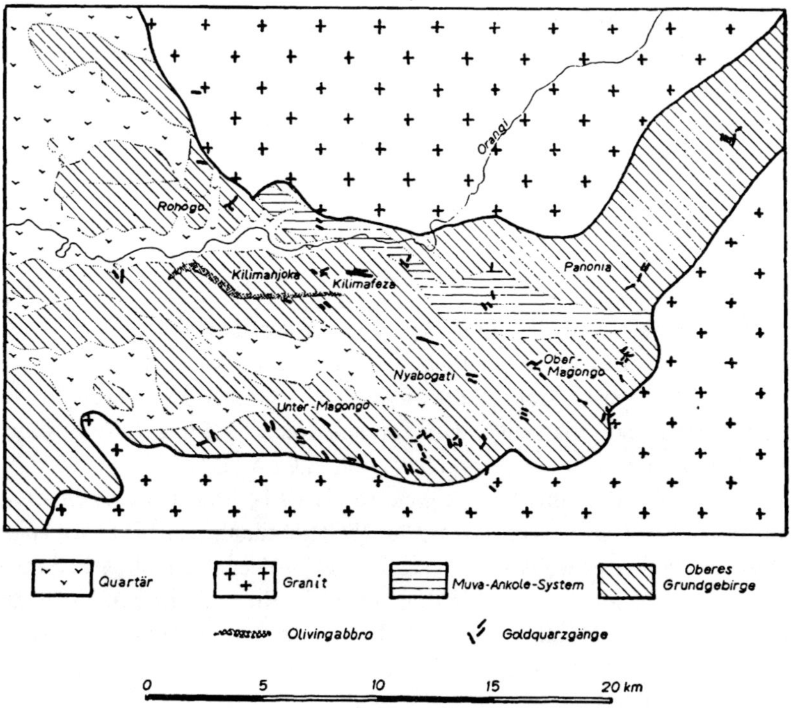

Abb. 4. **Die Goldquarzgänge im Südosten von Ikoma, Musoma-Distrikt.**
Nach G. M. Stockley

Entfernung nordwestlich Rohogo wurde ein Gang von 540 m Länge angetroffen, der bis zu 30 g Gold je Tonne enthielt. Seine Mächtigkeit steigt bis auf nahezu 4 m an; goldführend ist allerdings nur ein etwa 1,20—1,50 m mächtiger Teil.

Die Betriebsergebnisse der Rohogo Mine für 1932—1934 waren folgende:

Jahr	Durchsatz t	Rohgold		Feingold		Ausbringen g/t
		oz	kg	oz	kg	
1932	223	330	10,26	288	8,95	40,1
1933	250	139,5	4,33	99	3,07	12,3
1934	571	368	11,44	218	6,77	11,8

Kilimafeza. Dieses südöstlich von Rohogo gelegene Gangvorkommen bildet die geologische Fortsetzung der Gangzone, die sich von Rohogo bis nach Nyabogati hinzieht. Neben zahlreichen brekziösen Quarzgängen treten in Kilimafeza fünf größere „Reefs" auf. Sie folgen dem Streichen des Nebengesteins, das hier von Chlorit- und Serizitschiefern aufgebaut wird. Das Bonanza Reef streicht auf etwa 1,5 km Länge in WNW-Richtung und fällt steil nach S ein. Seine Mächtigkeit beträgt im Durchschnitt 5 Fuß (1,5 m). Neben reicher Goldführung tritt an der Oberfläche Azurit und Malachit auf. Im tiefsten Schacht (30 m) ist die primäre Zone noch nicht erreicht worden. Das Beauty Reef liegt in der östlichen Fortsetzung des vorigen Ganges. Es handelt sich hier um zwei schmälere Gänge bis höchstens 1,20 m Mächtigkeit, zu denen sich noch ein linsenförmiger Gang gesellt. Das etwa 30 m lange Vorkommen besitzt Goldgehalte von 6—20 dwt/t (9,3—31 g/t). Das Hillside Reef stellt einen Komplex von Gängen, Trümern und Linsen dar. Die Goldführung ist niedrig, Malachit tritt reichlich auf. Eine Gruppe von fünf Gängen bildet die sogenannten Valley Reefs. Die 2—6 Fuß (0,60—1,80 m) mächtigen Gänge führen viel sichtbares Gold und außerdem Kupferkies nebst etwas Turmalin und Kalzit. Auf dem etwa 120 m langen Apex Reef wurden sechs Schächte abgeteuft. Auch hier ist viel sichtbares Gold vorhanden und der Goldgehalt ist sehr befriedigend.

Im Jahre 1933 gewann die Kilimafeza Mine 107 oz (3,32 kg) Feingold bzw. 158,5 oz (4,92 kg) Rohgold aus 103 t Erz. Die entsprechenden Zahlen für 1934 lauten: 118 oz (3,66) kg Feingold und 165 t Erz. Das Feingoldausbringen war danach 32,0 g/t im Jahre 1933 bzw. 22,2 g/t im Jahre 1934.

In Kilimanyoka westlich von Kilimafeza sind Gänge von wenigen Zentimetern bis über 1 m Mächtigkeit, die durchschnittlich 7 dwt/t (10,8 g/t) Gold führen, bekannt. 1932 wurden hier 53 oz (1,64 kg) Gold gewonnen.

Nyabogati. Die Haupterzkörper dieser südöstlich von Kilimafeza befindlichen Grube werden von Quarzitschichten gebildet, die mit fast goldleerem Quarz imprägniert sind. Im metamorphen Schiefer treten drei solcher Quarzitlagen auf, von denen jede eine Länge von etwa 300 Fuß (91 m) aufweist. Im Gegensatz zum imprägnierenden Quarz führt der Quarzit gelegentlich 12—15 dwt Gold je Tonne (18,6—23,2 g/t). Der Durchschnittsgehalt der über 50 cm mächtigen Lagen soll 7 dwt (10,8 g) je Tonne betragen.

Ein ähnliches Vorkommen, südlich des Nyabogatiberges gelegen, weist ärmere Erze in Quarzitlagen geringerer Mächtigkeit auf. Hier wurden 2,3 dwt/t über 5—14 Zoll (3,5 g/t über 12,5—35 cm) Gold festgestellt. Ein Gang von grauem Quarz, der 3—3,5 Fuß mächtig ist, kommt südlich der Kilimafezastraße zum Vorschein. Hier sollen gute Goldgehalte auftreten.

Die Grube hat in den Jahren 1933 und 1934 folgende Betriebsergebnisse erzielt:

Jahr	Durchsatz t	Rohgold		Feingold		Ausbringen g/t
		oz	kg	oz	kg	
1933	475,5	175,65	5,46	94	2,92	6,1
1934	467,0	178	5,53	78	2,42	5,2

Magongo. Die oberen Magongo-Schürfe liegen östlich von Nyabogati. Auch hier treten imprägnierte Quarzite auf. Ihr Goldgehalt ist etwa 2 dwt/t (3 g/t), steigt jedoch gelegentlich bis auf 25 dwt/t (38,7 g/t). Außerdem werden die metamorphen Gesteine von zahlreichen Quarzgängen durchzogen. Von 13 Gängen sind vier in nennenswertem Maße goldführend. Die Werte sollen in einem der Gänge bis auf 21,8 dwt/t (33,7 g/t) ansteigen. Der Analysenwert eines anderen Ganges ergab 8,2 dwt/t (12,7 g/t). In den übrigen Gängen wurden durchschnittlich 2—3 dwt, höchstens 11 dwt/t festgestellt. Die Mächtigkeiten schwanken zwischen 0,5 und 2 m und erreichen maximal 3 m. Ganglängen sind von 36 m bis 234 m beobachtet worden.

Die unteren Magongo-Schürfe liegen südwestlich von Nyabogati (Abb. 4) und stammen noch aus der Zeit vor dem Weltkriege. Ein Gang von 16—37 Zoll (40—92 cm) Mächtigkeit, dessen Länge noch nicht feststeht, ergab beim Probenehmen in 11 m Tiefe 1 dwt/t. Die Schiefer am nördlichen Salband wiesen dagegen 25 dwt auf, während Proben aus 7 m Tiefe aus demselben Salband bis zu 124 dwt (192,2 g/t) Gold je Tonne enthielten. Mehrere andere Gänge in der Nachbarschaft führen 7 und 10 dwt/t Goldgehalt.

Panonia (Nyabwitagi). Die hier festgestellte große Quarzlinse im Chloritschiefer besitzt eine Mächtigkeit bis zu 9 m. In 15 m Tiefe geht die Mächtigkeit auf 4,5 m zurück. Der Goldgehalt beträgt 2 dwt (3 g) je Tonne. Eine andere kleine Linse führt nur 1,5 g Gold je Tonne über 6 m. Einen Goldgehalt von 6 dwt/t (9,3 g/t) weist ein kleiner Quarzgang auf, der in der weiteren Nachbarschaft gefunden wurde. Gänge mit ähnlichen Werten treten nordostlich von Panonia auf.

Von den südlich und südwestlich Ikoma liegenden Goldvorkommen sind zu erwähnen:

Kamahanya. Ungefähr auf halber Strecke zwischen Rohogo und dem östlichen Ende des Spekegolfes und südöstlich von hier befinden sich einige noch vor dem Weltkriege angelegte Schürfe nördlich des Mbalagetiflusses. Am Kamahanyaberge sind drei Quarzgänge im Bändereisenstein aufgeschlossen. Der beste gefundene Goldgehalt betrug 3,6 dwt/t (5,5 g/t). Nördlich des Beramangaberges im S von Ikoma durchsetzt ein etwa 30 m langer und bis 60 cm mächtiger Quarzgang den Serpentin. Hier wurden 8 dwt (12,4 g) je Tonne an Goldgehalt festgestellt. Am Nyamumaberge südlich Beramanga sind von 15 auftretenden Gängen nur zwei goldführend. Südwestlich des Kyabarateroberges ostwärts von Nyamuma fanden sich Spuren von Gold mit Kupferkies und Malachit.

Südlich vom Spekegolf liegen schließlich:

Nxoroma. Das Gangvorkommen befindet sich in der Nähe des Seeufers im Nassa-Bezirk. Hier sollen Goldgehalte von 10 dwt/t (15,5 g/t) über 48 Zoll (1,20 m) vorliegen.

Ngasamo (Kassama). Dieses Vorkommen, in der Nähe der Missionsstation Nassa gelegen, gehört zu den ältesten Goldfunden der Kolonie. Im zersetzten und geschieferten Diabas treten Quarzgänge, -linsen und -nester auf, die jedoch alle nur wenige Meter lang und bis höchstens 3 m mächtig sind. Auf einer etwa 2 km langen Schieferzone sind einige 12 Erzkörper festgestellt worden. Als abbauwürdig erwies sich nur die Oxydationszone. Die Goldgehalte werden hier zu 20—22 g je Tonne angegeben. Bis zum Jahre 1909 wurden 30 kg Rohgold im Werte von 64327 M. gewonnen. Nach einer Unterbrechung des Betriebes wurde dann 1911/12 wieder für etwa 80000 M. Gold erzeugt. Nach dem Weltkriege wurde ein Kleinbetrieb eingerichtet, der 1929 96,4 oz (etwa 3 kg) Feingold lieferte. Der Betrieb ist in der Folgezeit oft unterbrochen und zuletzt 1937 in sehr bescheidenem Umfang wieder aufgenommen worden.

Die übrigen Goldvorkommen des nördlichen Vererzungsgürtels

Lolionde. Westlich des Natronsees, am Loliondeberge, wurden 1932 Spuren von Gold entdeckt und zwar in kleinen Alluvialvorkommen am Südosthang des Berges. Sie sind noch nicht näher untersucht worden.

Sigi. Am Sigifluß in den östlichen Teilen des Usambaragebirges, im Hinterland von Tanga, wurden bereits 1912 Goldfunde gemacht. Eine spätere Untersuchung zeigte, daß es sich um eine etwa 10 m mächtige pyritisierte Zone im Gneis handelt, die am Wege von Marimba nach Biriki ausstreicht. Der Goldgehalt ist nur sehr niedrig.

Bondei. In dieser südwestlich von Tanga gelegenen Landschaft sollen Spuren von Gold auftreten.

2. Die Goldvorkommen des mittleren Vererzungsgürtels
(Vgl. Tafel IV)

Der mittlere Vererzungsgürtel umfaßt vor allem den wichtigen Muansa-Golddistrikt und die Sekenke-Grube, die an seinem nordwestlichen Ende liegen. Nach SO zieht sich der Gürtel bis über die Mittellandbahn hinaus und findet mit den Goldvorkommen am Ruwufluß seinen Abschluß. Nordwestlich des Muansa-Distrikts sollen an der Westküste des Emin Pascha-Golfes wiederholt Goldanzeichen beobachtet worden sein, jedoch scheint das Prospektieren bis jetzt sich nicht gelohnt zu haben. Die Einzeldarstellung der Goldvorkommen des Gürtels soll in der Reihenfolge ihres Auftretens von NW nach SO, mit dem Muansa-Distrikt beginnend, erfolgen.

Muansa-Distrikt

Das Hauptgoldgebiet des Distriktes liegt in seinem westlichen Teil und ist als das Sanza-Goldfeld bekannt. Südlich und südöstlich von ihm liegen die Vorkommen von Ruamagasa und Mawe Meru. Im Osten des Distriktes befinden sich die vorerst wirtschaftlich unbedeutenden Vorkommen im Bereiche des Smith's Sund. Das ganze Goldgebiet liegt im Hinterland der Südküste des Viktoriasees und besitzt, verglichen mit dem Musoma-Distrikt, eine verhältnismäßig geringe Ausdehnung. Das Gelände steigt von den Ufern des Sees nach Süden zu bis stellenweise auf einige 300 m über das Seeniveau an. Die dem See zufließenden Flüsse führen zum Teil das ganze Jahr hindurch Wasser. Ständig fließende Quellen sind vorhanden und können den Trinkwasserbedarf genügend decken. Die Versorgung mit Gruben-, Bau- und Brennholz ist durch den reichlichen Baumbestand gesichert. Das Klima ist angenehm. Die Temperatur steigt selten über 30° C. Die Nächte sind kühl, so daß europäische Kleidung notwendig ist. Der jährliche Niederschlag (hauptsächlich von Oktober bis März) beträgt etwa 1000 mm. Durch systematische Malariabekämpfung und hygienische Aufsicht ist das Grubengebiet des Sanza-Goldfeldes in gesundheitlicher Hinsicht als nahezu einwandfrei zu bezeichnen. In Nungwe am Südostende des Emin Pascha-Golfes sind gute Hafeneinrichtungen vorhanden. Die Länge der Dampferroute von hier nach Muansa beträgt etwa 175 km. Das an der Mündung des Smith's Sund in den Viktoriasee gelegene Muansa bildet die Endstation der von Tabora kommenden Eisenbahn. Nach Kisumu, dem Ende der Kenyabahn, ist von Nungwe aus ein Schlepper- und Leichterdienst eingerichtet (etwa 400 km). Von der Geita Mine führt eine gute Autostraße nach dem Hafen Nungwe.

Eine in der Trockenzeit befahrbare Straße verbindet ferner das Sanza-Goldfeld über den Smith's Sund mit Muansa.

Die Eingeborenenlöhne betrugen 1936 im Durchschnitt 12,87 sh monatlich einschließlich Verpflegung. Sie sind 1937 auf durchschnittlich 16,39 sh gestiegen. Die Fleischversorgung bereitet Schwierigkeiten und im allgemeinen haben die Verpflegungskosten eine weiter steigende Tendenz.

Geologisch liegen grundsätzlich dieselben Verhältnisse wie im Musoma-Distrikt vor. Als im Granit eingekeilte Dachgebirgsschollen treten metamorphe Sedimente, Laven und Tuffe des oberen Grundgebirgskomplexes auf, besonders Bändereisensteine, Quarzite, Phyllite, Serizitschiefer und Grünsteine. Die Durchtrümerung dieser Schichten mit eruptivem Gangmaterial ist sehr stark. Die Goldvorkommen treten hauptsächlich in den Bändereisensteinen und in den Grünsteinen auf, und zwar in einer deutlichen Bindung an Zerrüttungs- und Scherzonen. Sie beschränken sich stets auf die Nähe der granitischen Intrusionen.

Die ersten Goldfunde im Distrikt gehen auf die Entdeckung des Bismarck-Riffs im Jahr 1897 zurück. Die vor dem Weltkriege in sehr bescheidenem Umfange aufgenommene Produktion hat sich aber zunächst nicht entwickeln lassen. Erst im Jahre 1932 wurde, vom Bismarck-Riff ausgehend, die Prospektion des Gebietes wieder aufgenommen und nach günstigen Ergebnissen dieser Untersuchungen 2 Jahre später mit den Aufschließungsarbeiten im Bereiche der heutigen Geita Mine begonnen. Der bisher wenig bedeutsame Golddistrikt hat sich in den folgenden Jahren rasch entwickelt, wie die statistische Übersicht zeigt. Seinen überraschenden Aufstieg verdankt der Muansa-Distrikt in erster Linie der im Januar 1939 in Betrieb gekommenen Geita Mine.

Die bedeutendsten Vorkommen des Sanza-Goldfeldes sind die Geita und die Ridge 8-Mine. In ihrer Umgebung gruppieren sich zahlreiche kleinere Vorkommen, die im Anschluß an die großen Gruben zu nennen sein werden.

Übersicht über die Goldproduktion des Muansa-Distriktes in der Zeit vom Januar 1936 bis November 1939

Jahr	Durchsatz t	Rohgold		Feingold		Ausbringen g/t
		oz	kg	oz	kg	
1936	238	108	3,35	64	1,99	8,4
1937	656	314	9,76	275	8,55	13,0
1938		2296	71,40			
Jan.-Nov. 1939		46873	1457,75			

Geita Mine

Die Grube liegt im östlichen Teil des Sanza-Goldfeldes. Zu ihr gehören zunächst die Vorkommen von Lone Cone und Muinto Dinero. 1937 ist die Ridge 8-Mine von der Kentan Gold Areas Ltd. angekauft worden, und nach der Vereinigung mit Mawe Meru ist die heutige Besitzerin, die Geita Gold Mining Co., gegründet worden.

Das Gold tritt als äußerst feine Imprägnation in Bändereisensteinen auf. Eine besonders starke Vererzung zeigen gewisse Quetschzonen, so daß die Lagerstätte eine gangartige Gestalt besitzt. Die vererzten und unvererzten Partien sind äußerlich kaum voneinander zu unterscheiden; erstere weisen mitunter etwas Quarzdurchtrümerung auf. Das Gold ist indessen selbst bei sehr hohen Gehalten von 4—5 oz (etwa 125—155 g) je Tonne Erz mit bloßem Auge unsichtbar. Das Erzmittel ist 3—40 Fuß (etwa 0,9—12 m) mächtig und hat einen Durchschnittsgehalt von 4—5 dwt/t (6,2—7,7 g/t). Der Goldgehalt steigt mitunter bis über 10 g/t. In der Oxydationszone liegen die Werte meist um 15—20% über dem normalen Durchschnitt. Quarzgänge, die ebenfalls goldführend sind, weisen ähnliche Gehalte auf. Mit zunehmender Tiefe bleibt der Goldgehalt der Erze sehr beständig. Hier ist das Gold meist an Pyrit gebunden.

Als tatsächliche Abbauweite der Lagerstätte kann eine Mächtigkeit von 6—9 Fuß (1,80—2,70 m) gelten. Die Erzzone ist bisher über eine Länge von insgesamt rund 6900 Fuß (etwa 2100 m) festgestellt worden. Durch Tiefbohrungen wurden Bändereisensteine bis auf 1200 Fuß (etwa 365 m) nachgewiesen, so daß die Tiefenerstreckung der vererzten Zone auch bei vorsichtiger Schätzung bis auf mindestens 300 m gegeben erscheint. Die Erzreserven wurden Ende 1937 auf 602000 long t mit durchschnittlich 6,7 g/t Gold geschätzt. Mitte 1939 lautete die Schätzung auf 860000 long t mit 7,7 g/t. Es handelt sich also um ein Großvorkommen mit relativ niedrigen Goldgehalten.

Die bisher bekannt gewordenen Betriebsergebnisse sind folgende:

Zeit	Erzdurchsatz long t	Feingold		Ausbringen g/t
		oz	kg	
1. I. bis 30. IV. 1939 (4 Monate)	21173	5247	163,2	7,7
Mai 1939	6745	2253	70,1	10,4
Juni 1939	7895	2869	89,2	11,3
Juli 1939	8092	2688	83,6	10,3
August 1939	7302	2601	80,9	11,1
September 1939	7059	2872	89,3	12,6
Oktober 1939	7979	3941	122,5	15,3
Zus. 10 Monate 1939	66245	22471	698,8	10,5

Das Werk hat also in den ersten 10 Monaten mit einem Ausbringen gearbeitet, das wesentlich über den oben angegebenen Durchschnittswerten liegt. Dies dürfte sich so erklären, daß man dem ärmeren Erz aus dem Hauptvorkommen reichere Erze aus der Umgebung zugemischt hat.

Mitte Dezember 1938 wurde die Aufbereitung, die eine Tagesleistung von 250 t besitzt, versuchsweise in Betrieb genommen. Für später war eine Verdoppelung der Anlage geplant. Die Belegschaft betrug 1939: 40 Weiße, 50 Asiaten und etwa 1000 Eingeborene.

Weitere Gänge bzw. Imprägnationszonen in Bändereisensteinen sind im Gebiete nördlich und nordöstlich der Geita Mine bekannt. Diese Vorkommen weisen zum Teil bedeutende Ausdehnungen, jedoch nur ganz geringe Goldgehalte auf. Zu nennen sind das Discovery Reef und das Busangera Reef im Nordosten der Mine, von denen das zweite eine Längenausdehnung von über 2 km besitzt und etwa 18 m mächtig ist. Die Vererzung hängt genetisch mit dem Einschub saurer und felsitischer Ganggesteine zusammen. Mehrere kleine Vorkommen nördlich des Muinto Dinero Reefs, das Camp Reef, und südlich von ihm das am Cissbury Hill, sind gleicherweise an Gesteinsgänge gebunden. Ebenso liegen die Verhältnisse bei den westlich der Geita Mine liegenden Saurus- und Rhino Reefs.

Ridge 8-Mine

Dieses Vorkommen befindet sich im westlichen Teil des Sanza-Goldfeldes. Das Gold tritt hier in ausgedehnten Brekzienzonen im Bändereisenstein auf, und zwar am Kontakt mit einem zu weißlichem Ton verwitterten Bostonitgang. Die höchsten Werte liegen unmittelbar am Kontakt. Gewinnbare Golderze sind aber noch in 6 Fuß (1,80 m), an einer Stelle sogar in 70 Fuß (21,2 m) Abstand vom Kontakt vorhanden. Die Oxydationszone ist etwa 300 Fuß (91 m) tief und weist viel höhere Goldgehalte auf, als dies bei der Geita Mine der Fall ist. Das Vorkommen ist im Streichen über 1500 Fuß (etwa 456 m) Länge vorgerichtet, weitere 1000 Fuß (etwa 304 m) Fortsetzung sind mit Sicherheit festgestellt worden. Der Goldgehalt dieser Erze wird mit 10—15 dwt/t (15,5—23,2 g/t) angegeben, und ist auf jeden Fall wesentlich höher als bei der Geita Mine. Nach der Inbetriebnahme der Geita Mine sollte auch dieses Vorkommen, das derselben Gesellschaft gehört, zum Abbau gelangen.

In der näheren und weiteren Umgebung der Ridge 8-Mine liegen zahlreiche kleinere Goldvorkommen. Das 1897 entdeckte Bismarck-Riff wird von einem linsenförmigen Quarzgang gebildet, der im

Granit nahe seinem Kontakt mit den steilfallenden Bändereisensteinschichten aufsetzt. Der Gang bildet die direkte Fortsetzung im Streichen des Ridge 8-Vorkommens. Daneben treten mehrere schwache Gänge von 4—30 cm in den Schiefern und Quarziten auf. Gleich bei der Entdeckung der Lagerstätte stieß man stellenweise auf sehr hohe Goldgehalte (bis 190 g/t) in der angereicherten Zone. Es hat sich dann eine Zeit lang ein kleiner Gewinnungsbetrieb aufrecht erhalten lassen, und im Jahre 1912 wurden für etwa 80000 M., 1913 sogar für etwa 100000 M. Gold gewonnen. Die geringeren Werte der Primärzone (5—6 g/t) schon in 5—6 m Tiefe und das schnelle Auskeilen des Ganges hat aber in der Folge keinen Anreiz zur Entwicklung der Lagerstätte geboten. Immerhin soll 1928 noch ein Kleinbetrieb auf dem Bismarck-Riff im Gang gewesen sein.

Etwa 2,5 km westlich der Ridge 8-Mine streicht das Comet Reef aus. Von diesem in NNW-Richtung streichenden Gang zweigt nach SO das Star Reef ab. Es handelt sich in beiden Fällen um Quarzdurchtrümerungen von Lockerzonen in metamorphen eisenreichen Schiefern nahe dem Kontakt mit einem Eruptivgang. Das Comet Reef erstreckt sich über wenigstens 1500 Fuß (etwa 450 m) mit einer durchschnittlichen Mächtigkeit von etwa 50 cm. Sein Goldgehalt beträgt 5,25 dwt (8,1 g/t). Das Star Reef ist auf etwa 165 Fuß (etwa 50 m) Länge bekannt. Der Wert wird mit 6,7 dwt/t über 27 Zoll (10,3 g/t über 68 cm) angegeben. Am Gangkreuz steigt die Mächtigkeit auf 89 Zoll (2,22 m) und der Goldgehalt auf 7 dwt/t (10,8 g/t). In einem parallel zum Comet Reef verlaufenden Gang wurde im Querschlag auf der 80 Fuß-Sohle (24 m Tiefe) ein Goldgehalt von 14 dwt/t (21,7 g/t) über 96 Zoll (2,40 m) festgestellt.

Nordwestlich vom Comet-Star-Vorkommen liegen die Gänge Chibugwe Reef, Selous Reef und King Solomon Reef. Eine vorläufige Untersuchung des Selous Reefs zeigte eine Erstreckung über 1000 Fuß (304 m) und Spitzengehalte bis zu 14 dwt/t (21,7 g/t) über 18 Fuß (5,4 m) Mächtigkeit. Südlich des Comet-Star-Vorkommens wurden die Morgans, Lucky Strike und Mammoth Reefs bekannt. Morgans Reef dehnt sich über etwa 300 m Länge aus und führt gute Goldgehalte. Die anderen Gänge dürften von geringer Bedeutung sein, ebenso wie das Vorkommen von Luhahu, das etwa 12 km westlich vom Comet-Star Reef gefunden wurde. 20 km südlich der Ridge 8-Grube wurden aussichtsreiche Golderzgänge in Ruamagasa festgestellt. Die in einer Scherzone von basischen Gliedern des Grundgebirges auftretenden Quarzgänge sind in den letzten Jahren mit guten Ergebnissen aufgeschlossen worden.

Mawe Meru

Das Vorkommen liegt etwa 20 Meilen (32 km) SSO von der Geita Mine. Hier treten linsenförmige Quarzgänge in Chloritschiefern in der Nähe eines Granitkontaktes auf. Die größte Linse besitzt eine Längenausdehnung von etwa 300 Fuß (etwa 91 m) bei 13 Fuß (4 m) größter Mächtigkeit. Die Goldgehalte sollen an der Oberfläche durchschnittlich 30 dwt/t (etwa 46 g/t) betragen und stellenweise bis über 90 g/t ansteigen. In 60 Fuß (etwa 18 m) Tiefe tritt goldführender Pyrit nebst Kupferkies auf; in 150 Fuß Tiefe (etwa 45 m) sind nur noch goldführende Pyrite vorhanden. Ein Nachlassen des Goldgehaltes ist jedoch nicht zu verzeichnen. Die Serie der Quarzlinsen, mit deren Gewinnung in Kürze begonnen werden sollte, ist im Streichen über 1000 Fuß (304 m) aufgeschlossen worden. Der Erzvorrat wird auf etwa 27000 long t geschätzt, angeblich mit 26 dwt/t (40,3 g/t).

Die Goldvorkommen südlich von Muansa

Die Vorkommen dieses Gebietes umfassen verschiedene Lagerstättentypen. Sie sind über ein größeres Areal verstreut. Die nördlichsten Fundpunkte liegen in der Umgebung des Südendes des Smith's Sundes; im Süden umfaßt das Goldgebiet die Orte Kahama und Usongo.

Das Vorkommen von Nyanzega liegt westlich vom Smith's Sund und ist nur wenig erschlossen. Linsenförmige Quarzkörper und Gänge setzen in Tuffen des Grundgebirges auf. An der Oberfläche führen sie Pyrit und Freigold. Einige Körper lassen sich bis über 100 Fuß (etwa 30,4 m) verfolgen, doch sind die Vorkommen sehr absätzig und ihr Goldgehalt sehr schwankend. Das etwa 10 km südwestlich von hier festgestellte Vorkommen von Kiwugandi soll geologisch ähnlich dem der Geita Mine sein. Eine genauere Untersuchung steht noch aus. Die östlich des Sundes liegende Fundstelle von Isoga ist dem Typ nach derjenigen von Nyanzega vergleichbar. Auch diese Lagerstätte scheint nur flüchtig prospektiert worden zu sein. Dasselbe trifft auch für die Vorkommen von Kasadi und Luwiri zu. Kasadi liegt etwa 22 km südsüdöstlich von Isoga, Luwiri etwa 27 km südlich davon. Weiter südöstlich von Kasadi ist Gold in Luhala, Ugambilo, Kagua und Mhunzi gefunden worden, und zwar teils in Quarzgängen bzw. -linsen, teils als Imprägnation in Bändereisensteinen.

Südlich bzw. südwestlich von Luwiri wurden kleine Goldvorkommen in Motoko, Mazengo und Nyangombe festgestellt. Auch diese Fundpunkte bedürfen noch einer näheren Untersuchung.

In weiterem Abstand nach Südwesten, ungefähr 70 km von der Südspitze des Smith's Sundes entfernt, liegt nahe der Missionsstation St. Michael der schon vor dem Weltkriege entdeckte Augusta Viktoria-Gang. Dieser Lagergang tritt in stark gefalteten Bändereisensteinen auf und zeigt nur geringe Goldgehalte. Das Nebengestein ist ebenfalls schwach mit Golderzen imprägniert.

In der Umgebung des Postens Kahama, der südlich von hier an der Straße nach Bukoba liegt, sind mehrere nicht näher bekannte Goldvorkommen nachgewiesen worden. Von diesen Fundpunkten wurde nur das sogenannte Jubilee Reef genauer bearbeitet. Dieser Gang, der im Bändereisenstein aufsetzt, ist über etwa 800 m Länge verfolgt und durch einen Schacht bis in 200 Fuß (61 m) Tiefe aufgeschlossen. Weitere Erschließungsarbeiten wurden jedoch abgebrochen.

Östlich der Muansa-Bahn befinden sich die Goldlagerstätten von Samuje, Nsega und Usongo. Das schon 1902 entdeckte Vorkommen von Samuje liegt rund 20 km südsüdwestlich von Schinjanga. Auch hier findet sich etwas Gold sowohl in den Bändereisensteinen als auch in einem sie durchsetzenden geringmächtigen Quarzgang. Ferner ist Gold in einem Eisenquarzitkonglomerat festgestellt worden.

Weiter südwestlich an der Straße nach Tabora, am Abzweig der Sekenke-Straße, liegt Nsega. Nördlich von hier wurden in den 1930er Jahren Prospektionsarbeiten auf Goldquarzgängen durchgeführt. Die Ergebnisse scheinen nicht ermutigend gewesen zu sein.

Östlich von Nsega, in Usongo, finden sich geringe Goldmengen in Eisenquarzitschiefern, die von feinen Quarztrümern durchsetzt werden. Geologisch interessanter ist indes das Vorkommen von goldführenden Konglomeraten, die mehrere Meter mächtig werden und im Streichen auf 3—4 km zu verfolgen sind. Die Gerölle der Konglomerate bestehen aus Quarz, Quarzit, Eisenquarzitschiefer, quarzitischem Sandstein, Quarzporphyr und Granit. Die teils gut abgerollten, teils kantigen Gerölle sind oft zerdrückt und wieder verkittet und erreichen Abmessungen bis zu mehreren Dezimetern. Das grobkörnige, hell gefärbte Bindemittel besteht aus stellenweise eisenschüssigem Sandstein. Serizit ist reichlich vorhanden. Daneben tritt sekundärer Quarz und Pyrit, seltener Zirkon auf. Der Goldgehalt der Konglomerate beträgt im Durchschnitt etwa 3—4 g/t. In 15 m Tiefe sollen bis zu 14 g/t angetroffen worden sein. Das Konglomerat ist unmittelbar auf dem Granit abgelagert. Übergänge des groben Konglomerates zu Sandsteinen und Arkosesandsteinen innerhalb weniger 100 m sind bekannt. Die Herkunft des Goldes und das Alter der Konglomerate sind noch problematisch. Die Annahme, daß die Lagerstätte derjenigen des Witwatersrandes von Südafrika entspreche, ist nur auf der petrographischen Ähnlichkeit der Schichten begründet und daher nicht zwingend.

Alle aufgeführten, südlich von Muansa gelegenen Goldvorkommen sind nach dem heutigen Stand der Erforschung als nicht bauwürdig anzusehen. Erst durch systematische Untersuchung wird sich in Zukunft der eigentliche Wert des Gebietes zeigen können, welches sich zwischen den bedeutsamen Goldminen des West-Muansa-Distriktes und der Sekenke Mine erstreckt.

Goldmine Sekenke

Das Vorkommen liegt auf einer Bodenwelle in der heißen und ungesunden Wembäresteppe, einem tektonischen Graben, etwa 12 km von dem ungefähr 300 m hohen Westabbruch des Irambaplateaus entfernt (Abb. 5).

Das Nebengestein bildet ein Dioritkomplex aus einem gequetschten quarzführenden Granodiorit und einem jüngeren quarzarmen Diorit. Auf der Grenze beider sind innerhalb einer etwa 1 km breiten Zone mehrere parallele Goldquarzgänge von linsenförmiger Ausbildung und starker Absätzigkeit entwickelt. Der Hauptgang ist der durch vier Schächte erschlossene Dernburg-Gang, der über eine Längenausdehnung von etwa 1500 Fuß (456 m) bekannt und bis in eine Tiefe von etwa 500 Fuß (152 m) aufgeschlossen ist. Wegen des linsenförmigen Charakters ist die Mächtigkeit des Ganges schwankend, aber durchschnittlich beträchtlich und maximal bis auf 6 m ansteigend.

Innerhalb des Ganges sind zwei deutliche Erzfälle zu beobachten. Die Gehalte sind sehr schwankend. 1933 wurde der Durchschnittswert mit etwas unter 1 Unze (= 31 g) je Tonne angegeben, 1939 wurde er dagegen nur noch auf 7 dwt/t (10,8 g/t) geschätzt. An der Oberfläche zeigte der Gang eine stark ausgebildete Oxydationszone mit viel Freigold und ungewöhnlich hohen Gehalten. Abgesehen hiervon ist auch in der primären Zone ein starkes Nachlassen der Goldführung nach der Tiefe zu beobachten.

In der Fortsetzung dieser Erzzone nach S folgen, vom Hauptgang und untereinander durch Unterbrechungen getrennt, kleinere, durch die Schächte V und VI erschlossene Erzmittel mit teilweise sehr reichen Erzen. Westlich vom Hauptgang liegen das sogenannte Pyrit Reef, das jedoch nur etwa 3 g Gold je Tonne über etwa 3 m Mächtigkeit enthält, östlich das Parallel und das Augusta Reef, die beide wirtschaftlich unbedeutend sind.

Das Vorkommen von Sekenke wurde von Prospektor Götze, der im Auftrage der Zentral-Afrikanischen Bergwerks-Gesellschaft arbeitete, im Jahre 1906 aufgefunden. Die Lagerstätte wurde in $1^1/_2$jähriger Beschürfung sorgfältig geprüft und ihre Bauwürdigkeit festgestellt. Zur Ausbeutung des Vorkommens wurde sodann von dem um die Entwicklung der ostafrikanischen Goldindustrie sehr verdienten Major Schloifer die Kironda Goldminen-Gesellschaft gegründet, die den Betrieb im Jahre 1909 aufnahm. Die Gesellschaft errichtete zunächst eine 10 Stempel-Pochwerksanlage und eine Zyanlaugerei mit einer monatlichen Leistung von 600 t. Nachdem weitere bauwürdige Erzmengen aufgeschlossen worden waren, wurde die Aufbereitungsanlage 1913 um fünf Stempel und 1914 um weitere 10 Stempel und die Laugerei auf sieben Bottiche vergrößert. Die Anlage konnte damit 1500 t Haufwerk monatlich verarbeiten.

Die Betriebsergebnisse gestalteten sich folgendermaßen:

Jahr	Durchsatz t	Feingold kg	Wert in M.	Goldausbringen g/t
1909	2610	101,5	249000	38,9
1910	6717	312,0	870645	46,4
1911	7630	350,2	979896	45,9
1912	5650	165,5	463033	29,3
1913	8602	221,9	623018	25,8

Durch die im Jahre 1914 fertiggestellten Betriebsvergrößerungen und -verbesserungen war ein gewinnbringender Betrieb für eine Reihe von Jahren trotz sinkendem Goldausbringen gesichert worden. Im ersten Halbjahr 1914 wurden noch rund 4800 t Erze verarbeitet und für etwa 255000 M. Gold gewonnen, also rund 91 kg Feingold, was einem Ausbringen von etwa 19 g/t entspricht.

Nach Ausbruch des Weltkrieges konnte der Betrieb noch bis Ende 1915 aufrechterhalten werden. Die Betriebsdaten über diese Zeit wurden von den Belgiern nach der Besetzung beschlagnahmt. Schätzungsweise wurden von Mitte 1914 bis Ende 1915 noch etwa 18000 t Erz verarbeitet und Gold im Werte von etwa 810000 M. gewonnen, das großenteils zur Ausprägung der bekannten 15 Rupie-Goldstücke (sogenannte Tabora-Pfunde) Verwendung fand (Abb. 6). Vorrichtungsarbeiten unterblieben allerdings ganz. 1916 wurde die Grube ganz geschlossen. Erst 1923 wurde sie für einen sehr niedrigen Preis von den britischen Treuhändern an einen früheren Angestellten der deutschen Gesellschaft verkauft. Dieser hielt einen kleinen Betrieb bis zum Jahre 1927 aufrecht und verkaufte die Grube im Jahre 1929 an die Tanganyika Central Gold Mines Ltd. Nach vielem Mißgeschick

Photo F. Schumacher 1914

Abb. 5. **Goldmine Sekenke**

Abb. 6. **15 Rupie-Goldstück (= 20 Mark), im Weltkriege aus dem Gold von Sekenke in Tabora geprägt.**

Aus Schloifer, Bana Uleia, Dietrich Reimer Verlag, Berlin

Verlag Walter de Gruyter & Co., Berlin W 35
Deko VI. Zu Schumacher und Thamm, Minerallagerstätten von Deutsch-Ostafrika

setzte nun wieder eine rationelle Gewinnung ein. Mit Ausnahme der jüngsten Zeit hat das Werk trotz stark gesunkener Goldgehalte befriedigend gearbeitet. In den letzten Jahren wurden folgende Ergebnisse erzielt:

Jahr	Durchsatz long t	Feingold		Ausbringen g/t
		oz	kg	
1934	12455	5793	180,1	14,4
1935	17865	6341	197,2	11,0
1936[1])	24565	6388	198,6	8,1
1937	21200	9805	304,9	14,3
1938		6721	209,0	8,3

Sekenke, die älteste Goldmine der Kolonie, hat seit Beginn der Förderung bis Ende 1938 eine Gesamtfeingoldmenge von schätzungsweise 3300 kg geliefert. Im Jahre 1939 wurden die Erzvorräte auf 7683 t geschätzt und der durchschnittliche Goldgehalt auf 7,06 dwt/t (10,9 g/t) angegeben.

Die Betriebskosten je Tonne verarbeitetes Erz betrugen im Geschäftsjahr 1935/36: 31 sh 8 d, 1936/37: 40 sh 8 d. Im Jahre 1938 sind die Betriebskosten noch weiter auf über 40 sh gestiegen, so daß das Werk in Anbetracht der gesunkenen Goldgehalte zeitweilig mit Verlust gearbeitet hat, der auch Anfang 1939 noch anhielt. Die letzten bekannt gewordenen Ergebnisse vom April 1939 wiesen wieder einen kleinen Betriebsgewinn auf, nachdem die Kosten auf 37 sh 11 d zurückgegangen waren. Zum Vergleich sei erwähnt, daß vor dem Weltkriege Erze unter 15 g Gold je Tonne entsprechend einem Tonnenwert von etwa 42 M. im allgemeinen nicht bauwürdig waren. Die Verhältnisse haben sich in dieser Beziehung inzwischen also wesentlich günstiger gestaltet, was neben der Wirkung der Goldprämie in erster Linie auf die Verbesserung der früher sehr ungünstigen Transportbedingungen zurückzuführen ist. Während damals die Entfernung zur Zentralbahn etwa 200 km betrug, geht jetzt der Verkehr über die Straße nach Kinjangiri (etwa 90 km), wo sich der Endpunkt der Stichbahn Manjoni—Singida befindet.

Außer den gangförmigen Goldvorkommen finden sich bei Sekenke noch goldführende Konglomerate. Die Konglomeratschicht besitzt eine Mächtigkeit von 20—60 cm. Die Gerölle bestehen meist aus Quarz, seltener aus Quarzit und Quarzitschiefer. Es liegen teils eckige, teils gut abgerollte Fragmente vor. Das Bindemittel ist ein graublauer

[1]) Zahlen beziehen sich auf den ganzen Singida-Distrikt. Hiervon stammt jedoch fast alles aus Sekenke.

Opal mit eingebetteten Quarzsplittern. Der Goldgehalt ist im Zement gleichmäßig niedrig; in den Geröllen wechselt er von Stück zu Stück zwischen Spuren und 10 g/t. Ausnahmsweise steigt er bis auf 20 g/t. Das Vorkommen, dem vermutlich ein jugendliches Alter zukommt, besitzt keine wirtschaftliche Bedeutung.

Die übrigen Goldvorkommen des mittleren Vererzungsgürtels

Die Lagerstätten werden in der Reihenfolge von NW nach SO kurz besprochen (Tafel IV und II).

Papa's Mine

Diese kleine Lagerstätte liegt südlich von Sekenke und bildet die Fortsetzung der dortigen Gangvorkommen. 1935 wurden hier Aufschlußarbeiten ausgeführt, die angeblich befriedigende Ergebnisse zeigten.

Iramba-Plateau

Südöstlich Sekenke ist eine größere Anzahl von goldführenden Gängen auf dem Plateau und im Tal des Kirondaflusses aufgefunden worden. Die Schichten des Grundgebirges werden hier vom Granit zum Teil in Gangform durchsetzt. Die Goldquarzgänge finden sich sowohl im Nebengestein als auch im Granit bzw. an seinem Kontakt. Außerdem wird das Gebirge von Granitporphyr- und Quarzporphyrgängen sowie von Diabasgängen durchzogen. Es ist beobachtet worden, daß der Goldgehalt der Quarzgänge in der Nachbarschaft dieser Intrusivgesteine stets ansteigt. In der Oxydationszone sollen zum Teil außerordentlich hohe Goldgehalte festgestellt worden sein; jedoch ist die Primärzone, die schon in etwa 12 m Tiefe beginnt, verhältnismäßig arm. Hier kommen nur Goldgehalte von 3—5 g/t vor.

Am Westabbruch des Plateaus, südlich der Straße Kinjangiri—Sekenke, liegt Mahnke's Reef. Mehrere Quarzgänge durchsetzen hier einen dunkelgrünen metamorphen Schiefer. Ein Gang mit zufriedenstellenden Werten ist über 200 Fuß (etwa 61 m) verfolgt worden. Seine größte Mächtigkeit beträgt 4—5 Fuß (1,20—1,50 m). Der Abbau ist in primitiver Weise in Angriff genommen worden. Nördlich von hier liegt die Mac Callum's Mine, wo ebenfalls einige unbedeutende Goldquarzgänge vorkommen. Die Erzkörper sind sehr klein. Sowohl der Quarz als auch das Nebengestein, ein metamorpher Schiefer, sind von Pyrit stark durchsetzt. Das Vorkommen ist nur wenig erschlossen. Nordöstlich davon in etwa 7 km Entfernung liegen weitere zerstreute Aufschlüsse armer Quarzgänge in metamorphen Schiefern am Theodore's Prospekt. Östlich von Mahnke's

Reef am Kirondafluß, etwa 2 km unterhalb von Kirondatal, finden sich wieder mehrere Gänge, die Domet's Reefs, die aber ebenfalls nur geringe Goldgehalte aufweisen.

Ein größeres Vorkommen ist bereits vor dem Weltkriege in Kirondatal entdeckt worden. Die Lagerstätte wird von drei unregelmäßigen, kurzen und stark gestörten Gängen gebildet, die in Schiefern und Vulkaniten des oberen Grundgebirgskomplexes aufsetzen. An der Oberfläche sind gute Goldgehalte festgestellt worden, die nach der Tiefe zu jedoch bald zurückgingen. Die seit der Vorkriegszeit mit Unterbrechungen betriebene Mine lieferte im Jahre 1934 noch 1867 oz (58 kg) Rohgold, die aus 4232 t verpochtem Erz stammten. Das Rohgoldausbringen betrug also 13,7 g/t. Die Betriebskosten stellten sich in diesem Jahr auf nur 25 sh/t. Unbedeutende Seifenvorkommen sind im Bett des Kirondaflusses angetroffen worden.

Einige 13 km nordwestlich von Kinjangiri, bei Kinjelele, das am Ostabbruch des Irambaplateaus liegt, findet sich eine eigenartige Goldlagerstätte. Hier werden Glimmerschiefer von Granit durchsetzt. In den Schiefern sind linsenförmige Körper von kontaktmetamorphen Gesteinen eingelagert, die vermutlich aus kalkigem Material hervorgingen. Diese im wesentlichen aus Granat und Amphibol bestehenden Linsen sind von Quarz imprägniert und durch Magnetkies, Pyrit und Gold vererzt. Die vererzten Zonen besitzen Mächtigkeiten von wenigen bis über 40 Fuß (etwa 12 m) und fallen zusammen mit den sie umgebenden Schiefern mit 30—45° nach OSO. Im ganzen sind etwa neun solcher Erzkörper festgestellt und durch Schächte über eine Gesamtlänge von etwa 800 m verfolgt worden. Der Goldgehalt dieser Erze soll im Durchschnitt in den oberen 30—40 Fuß (9—12 m) etwa 3—5 dwt/t (4,6—7,7 g/t) betragen. Südlich von Kinjelele, bei Iyangu-Kisamamba, ist ein weiteres ähnliches Vorkommen aufgefunden worden.

Kondoa Irangi-Bezirk

In diesem Verwaltungsbezirk sind Alluvialgoldvorkommen bekannt geworden. Nähere Angaben über ihren Wert stehen noch aus, doch soll eine Gewinnung in bescheidenem Ausmaße im Jahre 1932 stattgefunden haben.

Dodoma-Bezirk

Die Goldvorkommen am Madengiberg, 12,5 km nordöstlich von Dodoma, sind teils an eine Scherzone im Schiefer nahe dem Granitkontakt gebunden, teils treten sie als unregelmäßige Quarzgänge auch in Biotitgranit selbst auf. Die solcherart vererzte Zone streicht in nordöstlicher Richtung. Daneben kommen Aplit- und Pegmatitgänge vor. Der Goldgehalt der Quarzgänge beträgt nur etwa 1,5 dwt/t (2,3 g/t). Wertvoller ist die am NNW-Hang des Berges liegende eluviale Seife, in welcher Goldgehalte von 5,6—30,4 dwt/short t (9,5—51,9 g/t) angetroffen wurden. Die Lagerstätte wird in primitiver Weise bearbeitet. Im Jahre 1933 konnten 15,5 kg Seifengold gewonnen werden. In den nächsten Jahren verringerte sich die Ausbeute. Es wurden erzeugt:

1934	50 oz (1,5 kg)	Rohgold				
1936	57 oz (1,7 kg)	„	,	entsprechend	46 oz (1,4 kg)	Feingold
1937	30 oz (0,9 kg)	„	,	„	25 oz (0,8 kg)	„

Nordöstlich von diesem Vorkommen liegt das Georgius Reef, das bis zu 4 Fuß mächtig wird und über etwa 100 Fuß (30,4 m) Länge ausstreicht. Sein Goldgehalt ist niedrig.

Kidete-Kilosa-Gebiet

In diesem Gebiet sind wiederholt kleine Goldfunde in Flüssen gemacht worden, sowohl in der Nähe der Bahnstrecke als auch südlich von ihr. Obschon bisher keine wirtschaftlich lohnenden Vorkommen festgestellt werden konnten, dürfte auch diese Gegend in Zukunft Beachtung verdienen.

Ruwufluß

Südöstlich von Morogoro wurden Goldalluvionen im Ruwufluß festgestellt und in den letzten Jahren ausgebeutet. 1936 konnten 175 oz (5,4 kg) Rohgold entsprechend 163 oz (5,1 kg) Feingold gewonnen werden. 1937 ging die Zahl der Goldwäscher zurück. Die Ausbeute betrug nur noch 133 oz (4,1 kg) Rohgold entsprechend 124 oz (3,8 kg) Feingold. Die primären Vorkommen, die offenbar an den Ostabhängen des Ulugurumassives zu suchen sind, konnten bisher noch nicht festgestellt werden.

Beachtenswert ist der für das östliche Deutsch-Ostafrika ungewöhnlich hohe Feingoldgehalt des Rohgoldes von Ruwu. Er berechnet sich aus den angegebenen Zahlen zu 93,15‰ und nähert sich damit dem Feingehalt des hochwertigen Goldes von Ruanda-Urundi. Die Möglichkeit ist nicht von der Hand zu weisen, daß das Ruwuvorkommen genetisch unmittelbar mit dem tektonischen Bau der südlichen NO-Schwelle zusammenhängt (vgl. S. 21) und also nur zufällig als Ausläufer einer NW—SO gerichteten Vererzungszone erscheint.

3. Die Goldvorkommen der Tabora-Iringa-Scholle

Die mitten im Bereiche des Zentralgranits gelegene Grundgebirgsscholle wird von diesem auf drei Seiten umgeben. Nur nach NW zu hängt sie mit dem übrigen Block des Grundgebirges an der Oberfläche zusammen. In diesem großen länglichen Dachgebirgsrest sind wiederholt alluviale Goldvorkommen gefunden worden. Besonders häufen sich die Goldanreicherungen in den Sanden und Schottern im Unterlauf des Mjombeflusses bis hinauf nach Mpuassa, d. h. mehr als 150 km oberhalb seiner Mündung in den Großen Ruahafluß. Die meisten seiner Nebenflüsse führen ebenfalls Goldspuren, besonders der Kisigo in seinem Unterlauf südlich des Sankalaberges, etwa 100 km Luftlinie südwestlich von Dodoma. Die bisherigen Untersuchungen beschränkten sich auf Probenahmen aus den oberen Teilen der Alluvionen der beiden genannten Flüsse. Die primären Vorkommen sind noch nicht entdeckt worden. Östlich des Kisigoflusses, am Simba-Nguruberge und weiter östlich davon, wurden in den Konzentraten der Proben gröbere Goldpartikel bis zu 1 mm Durchmesser gefunden.

Im Gebiet nordwestlich des Mjombeflusses sind die auftretenden Goldspuren kaum verfolgt worden. Erst in größerem Abstande, südsüdöstlich von Tabora, wurden wieder Goldfunde gemacht. Hier liegen in der Landschaft Kiwere schwach goldhaltige Konglomerate vor.

Das dünn besiedelte und vom Verkehr kaum erschlossene Gebiet dürfte in Zukunft gute Aussichten für den Prospektor bieten.

4. Die Goldvorkommen des südlichen Vererzungsgürtels

(Vgl. Tafel II)

Zu dieser Gruppe gehören in erster Linie das Uruwira-Goldfeld und das Lupa-Goldfeld. Die übrigen südöstlich des Lupagebietes liegenden Goldfundpunkte haben sich entweder als klein und unbedeutend erwiesen oder sind noch nicht genügend untersucht.

Uruwira-Goldfeld

Das Uruwira- oder Ukonongo-Goldfeld befindet sich östlich vom Tanganjikasee, ungefähr 200 Meilen (etwa 320 km) südwestlich von Tabora entfernt. Hier liegt ein ausgedehntes Feld von Gangvorkommen im unteren Grundgebirgskomplex vor. Im nördlichen Teil finden sich vorherrschend Quarzgänge mit reichen Bleierzen. Im mittleren Teil des Gangsystems treten Kupfer- und Golderze in den Quarzgängen auf. Südlich davon wiegen reine Goldquarzgänge vor.

Die Untersuchung des 1937/38 entdeckten Vorkommens, das der Uruwira Goldfields Ltd. gehört, wird gegenwärtig noch weitergeführt.

Die Goldgewinnung ist im wesentlichen auf die Ausbeutung der Seifenvorkommen, die in der Nachbarschaft der Gänge auftreten, beschränkt.

Im Jahre 1937 wurden erstmalig 193 oz (6,0 kg) Rohgold entsprechend 161 oz (5,0 kg) Feingold gewonnen. In der Zeit vom Januar bis November 1939 war die Erzeugung auf 1281 oz (39,8 kg) Rohgold angestiegen.

Die Gegend ist fast menschenleer und ganz unerschlossen. Wasser, auch für Kraftanlagen, ist jedoch reichlich vorhanden. Leider ist das Goldfeld auch ein Schlafkrankheitsgebiet. Der Trade Report für 1938 sagt: Es sei möglich, daß dieses Feld sich zu einem wichtigen Kupfer-Gold-Silber- und Silber-Bleiproduzenten entwickeln wird. Dem dürfte jedoch die Abgelegenheit und Unerschlossenheit des Gebietes hindernd im Wege stehen.

Lupa-Goldfeld (vgl. Tafel V)

Allgemeine Verhältnisse

Das Goldfeld liegt im Südwesten der Kolonie zwischen dem Nordende des Njassasees und der flachen Depression des Rukwasees. Hauptorte des Gebietes sind Mbeja und Tschunja. Es wird nach SW vom Abbruch des Rukwagrabens und nach SO von dem des Usangugrabens begrenzt. Der zwischen beiden Grabenbrüchen eingeklemmte Block liegt in etwa 1500—1700 m Meereshöhe. Im Nordwesten wird das Feld von der Ilunga-Bergkette eingeschlossen, während nach Nordosten keine deutliche topographische Grenze vorliegt. Der nördliche Teil des Gebietes wird von einer Hochfläche mit vereinzelten Tafelbergen gebildet. Diese geht nach S zu in ein stark zerklüftetes und zerrissenes Gelände über, welches an den Grabenrändern abbricht.

Die vorwiegend in südwestlicher Richtung verlaufenden Flüsse bilden Wasserfälle am Abbruchsrand. Ständig fließend ist nur der Siraflluß. Wasser findet sich das ganze Jahr hindurch in Wasserlöchern des Lupa-, Luika- und anderer Flüsse. Im übrigen ist jedoch die Wasserfrage schwierig. Grundwasser kann nur unterhalb des Rukwaseeniveaus erwartet werden. Die Aufführung von Dämmen zur Wasserspeicherung bereitet recht große Schwierigkeiten, da der Untergrund stark zerklüftet ist. Der jährliche Niederschlag beträgt etwa 1000 mm. Die Regenzeit dauert in der Regel von Dezember bis Mai. Die gesundheitlichen Verhältnisse sind nicht sehr günstig.

Das Goldfeld ist gut mit Straßen versehen. Die große Kap—Kairo-Straße führt über Mbeja, von wo ein Abzweig nach Tschunja besteht. Außerdem sind Fernverkehrsstraßen von zum Teil geringem Wert nach Tabora und Itigi an der Mittellandbahn vorhanden. Mbeja verfügt über einen Flugplatz, der auf der Linie Kapstadt—London angeflogen wird (6 Tage nach London, $1^1/_2$ Tage nach Johannesburg).

Holz ist vorläufig noch genügend vorhanden. Vorkehrungen für die Zukunft sind jedoch unerläßlich. Die bei Galula gefundenen Kohlenlager mögen später für das Goldfeld als Kraftquelle von Bedeutung werden.

Die eingeborenen Arbeiter stammen meist aus Südrhodesien und aus Njassaland. Die Durchschnittslöhne betrugen 1936: 15,12 sh, 1937: 18,70 sh monatlich einschließlich Verpflegung. Auf eine Unze gewonnenen Goldes entfielen 1936 an Lohn 45 sh und an Verpflegung 13 sh.

Geologischer Überblick

Das Goldfeld bildet einen Block von Granitgneisen, welcher noch Reste ältester Sedimente in sich beherbergt. Er wird von einer Reihe jüngerer Intrusionen von vorwiegend saurer, aber auch basischer Natur durchdrungen. Im Gefolge der sauren granitischen Einschübe sind zahlreiche Quarzgänge entstanden, die die Träger der primären Goldlagerstätten bilden. Von ganz junger Entstehung sind die sie begleitenden, wirtschaftlich wichtigen Seifenlagerstätten.

Die Goldquarzgänge sind meist an Quetschzonen im Gneis und anderen Teilen des Grundgebirges gebunden und zu linsenförmigen Zügen aufgelöst, von denen einzelne Linsen größere Längen bis gegen 300 m erreichen können. Eine Tiefenausdehnung bis zu 900 Fuß (etwa 273 m) scheint auf Grund der bisherigen Aufschlüsse im allgemeinen gesichert zu sein. Das Verhältnis von Mächtigkeit zu Länge bzw. Tiefe ist im Mittel etwa 1:100. Mächtige Gänge sind meist goldarm. Die Goldführung ist höchst wechselnd. Von 250 Gängen, die 1933 genauer untersucht wurden, erwiesen sich ungefähr 90 als goldführend, und von 160 Analysen zeigten 25 nur Spuren von Gold, 26 bis 3 dwt (4,6 g), 18 von 3—10 dwt (4,6—15,5 g), 8 von 10—20 dwt (15,5 bis 31 g), während sieben Gänge Gehalte über 20 dwt (31 g) je short t aufwiesen. Die Goldgehalte nach der Tiefe sind gut anhaltend, da die meisten Gänge bis auf die primäre Zone abgetragen sind. Sekundäre Teufenunterschiede spielen daher so gut wie keine Rolle.

Die Goldseifen stellen einerseits die alluvialen Verwitterungsprodukte der Goldquarzgänge dar; andererseits treten auch Seifen tertiären Alters auf, die in ihren Abmessungen viel bedeutender sind, allerdings auch eine kompliziertere Gewinnung erfordern. Bei letzteren handelt es sich um aus den früheren Oxydationszonen hervorgegangene Goldsande und -schotter im Mündungsbereich des Lupa- und des Siraflusses sowie in der Umgebung des Rukwasees. Sie sind nachträglich durch Tone und Sande bedeckt worden und liegen in mehr als 200 m Tiefe.

Das Seifengold besteht gewöhnlich aus feineren und gröberen Körnchen und Nuggets, die ein Gewicht von mehreren Unzen erreichen können. Auch schwerere Klumpen sind nicht ungewöhnlich. Der größte bisher gefundene Klumpen, ein überaus reicher Goldquarz im Gewicht von 125 oz (3,88 kg), lieferte 75 oz (2,33 kg) Gold; ein anderer hatte ein Gewicht von 92 oz (2,86 kg). Das Seifengold hat einen durchschnittlichen Feingehalt von etwa 86—87%.

Entwicklung der Goldproduktion

Schon vor 1922 hat ein Deutscher, von Art, das Vorkommen von Gold im Songwefluß festgestellt. 1922 folgten auf Grund dieser Entdeckung weitere Funde bei Manandengi und am Lupa-Market. 1923 arbeiteten im neuen Goldgebiet bereits acht Goldwäscher. Gleichzeitig wurden auch die Gangvorkommen in Angriff genommen. Die Goldgewinnung aus den primären Lagerstätten blieb aber zunächst weit hinter derjenigen aus den Seifen zurück. 1933 verursachte das Ansteigen des Goldpreises einen starken Aufschwung des Goldgewinnungsbetriebes im Lupagoldfeld, die besonders der Entwicklung des Gangbergbaues zugute kam. Heute hat die Erzeugung von Alluvialgold ihren Höhepunkt überschritten und befindet sich seit 1936 in einem anhaltenden Rückgang, während umgekehrt die Produktion von Ganggold vor allem seit 1937 in einem raschen Anstieg begriffen ist.

Entwicklung der Goldproduktion des Lupa-Goldfeldes

Jahr	Alluvialgold		Ganggold		Gesamtproduktion	
	oz	kg	oz	kg	oz	kg
1923	1010	31,4	315	9,8	1325	41,2 Rg.
1924	6085	189,2	1171	36,4	7256	225,6 Rg.
1925	9159	284,8	1236	38,4	10395	323,2 Rg.
1926	6961	216,5	1122	34,9	8083	251,4 Rg.
1927	8621	268,1	925	28,7	9546	296,8 Rg.
1928						
1929	8017	249,3	19	0,6	8036	249,9 Fg.
1930	7709	239,7	—	—	7709	239,7 Fg.
1931						
1932						
1933	20756	645,5	11850	368,5	32606	1014,0 Fg.
1934	27256	847,6	15350	477,4	42606	1325,0 Fg.
1935					39754	1230,3 Rg.
1936	46058	1432,4	9969	310,0	56027	1742,4 Rg.
1937	39149	1217,5	14510	451,3	53659	1668,8 Rg.
1938	31784	988,5	22462	698,5	54246	1687,0 Rg.
Jan.-Nov. 1939	21184	658,8	40241	1251,5	61425	1910,3 Rg.

Es bedeuten: Rg. = Rohgold, Fg. = Feingold.

Photo Dr. Stier

Abb. 7. „Goldblasen" mit Lungenkraft im Lupa-Goldfeld

Photo R. Schroeder

Abb. 9. **Zinnerzgewinnung mittels Gerinnen in der Nähe des Kageraflusses** (zu Seite 76)

Verlag Walter de Gruyter & Co., Berlin W 35
Deko VI. Zu Schumacher und Thamm, Minerallagerstätten von Deutsch-Ostafrika

Abbau der Goldseifen

Alluvialseifen. Die Gewinnung des Alluvialgoldes liegt fast ausschließlich in der Hand von Eigenlöhnerbetrieben, die unter Zuhilfenahme zahlreicher Eingeborener in primitiver Weise mittels Gerinnen oder — in der Trockenzeit — unter Anwendung sogenannter „Trockenbläser" (dry blowers) arbeiten. Letztere werden neuerdings an irgendeine beliebige Kraftquelle, z. B. einen Benzin- oder Rohölmotor von 1—2 PS, angeschlossen. Die Kosten für diese Methode sollen sich im Mittel auf 9 d je cbm Material stellen. 1937/38 waren mehrere hundert Maschinen dieser Art im Betrieb. Auch transportable Waschherde (debe boxes) sind 1937 entwickelt worden. Zur Heranschaffung von Material sind stellenweise „Straßenhobel", die von Traktoren gezogen werden, erfolgreich verwendet worden. Die Ungunst der natürlichen Verhältnisse (kleine Vorkommen, unebener Untergrund, Wassermangel) stehen der Einführung leistungsfähiger maschineller Gewinnungsmethoden sehr entgegen (Abb. 7). Darin ist auch der Grund zu suchen, warum größere Gesellschaften von Alluvialbetrieben absehen. Die Verteilung der Seifenvorkommen ist aus Tafel V ersichtlich.

Tertiäre Seifen. Die pleistozänen Seifen der „Lake beds" des Rukwasees wurden 1936 von der Tanganyika Diamond and Gold Development Co. untersucht. Die Vorkommen besitzen eine Ausdehnung von rund 40 qkm. Die Untersuchungen wurden jedoch nicht fortgeführt, weil geoelektrische Messungen ergeben hatten, daß der Talboden bereits oberhalb der Lupamündung in den Sira mehr als 200 m unter dem Bett des Siraflusses liegt[1]).

In der besten Zeit, als das Goldfieber das ganze Schutzgebiet ergriffen hatte, waren bis zu 800 weiße Digger und bis zu 30000 Eingeborene in der Goldindustrie und den dazu gehörenden Nebenbetrieben beschäftigt. Der Rückgang der Alluvialbetriebe erklärt sich daraus, daß die besten Partien zum Teil wiederholt durchgewaschen sind und daher die Gewinnung des Seifengoldes mit jedem Jahre schwieriger und kostspieliger wird. So arbeiteten 1938 von insgesamt 419 Diggern (300 Europäer, 70 Asiaten, 49 Afrikaner) nur noch 137, d. h. etwa ein Drittel, mit Gewinn. 330 dieser Digger gewannen 1938 weniger als 100 Unzen (3,1 kg Rohgold). Die Aussichten für den einzelnen Goldwäscher sind daher wenig günstig.

Gangbergbau

Die Gewinnung von Ganggold hat in nennenswertem Umfang Anfang der 1930er Jahre eingesetzt. Den eigentlichen Aufschwung er-

[1]) Nach freundlicher Mitteilung von G. Brennich.

lebte sie aber erst in den Jahren 1938 und 1939. Genauere Angaben über den gegenwärtigen Stand des Bergbaues fehlen infolgedessen fast ganz. Die folgenden Angaben sind daher nur lückenhaft.

Mehrere größere Gesellschaften arbeiten auf diesen Gängen. Die bedeutendste unter ihnen ist die East African Goldfields Ltd. mit einem Kapital von etwa 477000 £.

Saza Mine

Dieses Bergwerk ist Ende 1938 von der East African Goldfields Ltd. in die Hände eines Syndikates übergegangen, das eine neue Gesellschaft, die New Saza Mines Ltd., mit einem Kapital von 150000 £ zur Ausbeutung des Vorkommens gegründet hat.

Das Grubengebiet liegt im nordwestlichen Teil des Goldfeldes unweit des Rukwa-Abbruches. Zur Saza Mine gehören folgende Gangvorkommen:

Saza Reefs (Nuttings). Diese Goldquarzgänge sind als eine 1—2 km lange Linsenzone ausgebildet, an der lokal Parallelgänge auftreten. Die Quarzkörper besitzen im Durchschnitt 18—51 Zoll (45 bis 127 cm) Mächtigkeit, wobei Goldgehalte von 7—11 dwt/t (10,8 bis 17,0 g/t) vorkommen. Neben Gold finden sich auf den Gängen Pyrit und Bleiglanz.

Die Erzvorräte[1]), soweit sie im Jahre 1938 unter Tage aufgeschlossen waren, wurden mit rund 200000 short t bei einem durchschnittlichen Goldgehalt von 7,27 dwt/short t (12,4 g/metr. t) angegeben. Weitere Aufschlüsse durch Tiefbohrungen ergaben zusätzlich 70000 t Erz mit einem Goldgehalt von 9,15 dwt/short t (15,6 g/metr. t). Hinzu kommen beträchtliche Erzreserven, die als Lockermassen an der Oberfläche liegen und etwa 10000 t mit einem durchschnittlichen Goldgehalt von 5,22 dwt/short t.(8,9 g/metr. t) ausmachen. Rechnet man das auf der Halde liegende Haufwerk hinzu, so ergeben sich die gesamten damaligen Erzvorräte des Saza-Vorkommens zu rund 291000 short t. Der durchschnittliche Goldgehalt beträgt für diese Erzmenge 7,65 dwt/short t (13,0 g/metr. t).

Luika Reefs (Mac Hugh's). Hier liegen absätzige Gänge mit stark wechselnden Werten vor. Nur etwa 20% der Gangmasse sind im eigentlichen Sinne bauwürdig. Die unter Tage aufgeschlossenen Erzvorräte betrugen 1938 69000 short t mit einem Durchschnittsgehalt von 6,49 dwt/short t (11,0 g/metr. t). Der Verwitterungsschutt der Gänge

[1]) Die folgenden Vorrats- und Gehaltszahlen der Saza Mine wurden von der Firma „Afrika-Bergbau" in dankenswerter Weise zur Verfügung gestellt.

wird auf rund 32000 short t geschätzt. Sein Goldgehalt ist nur gering (3,44 dwt/short t = 5,8 g/metr. t). Der Gesamterzvorrat beziffert sich danach auf 101000 short t mit einem Goldgehalt von 5,54 dwt/short t (9,4 g/metr. t).

Razorback Reef. Dieser nördlich des Saza-Vorkommens ausstreichende Gang besitzt eine Länge von etwa 1,4 Meilen (etwa 2,2 km). Die bis 1938 aufgeschlossenen Erzvorräte belaufen sich auf rund 30000 short t mit einem durchschnittlichen Goldgehalt von 6,48 dwt/short t (11,0 g/metr. t).

Die Gesamtvorräte für alle drei Vorkommen betragen daher etwa 422000 short t mit einem durchschnittlichen Goldgehalt von 7,06 dwt/short t (12 g/metr. t).

Nicht mit einbegriffen ist das 1937 entdeckte Wynter Reef, das auf 500 Fuß (152 m) Länge und bei 45 cm mittlerer Mächtigkeit einen durchschnittlichen Goldgehalt von 56 g/t aufweisen soll.

Im Mai 1939 wurde die Aufbereitungsanlage der Saza Mine, welche eine Tagesleistung von 150 t Erz besitzt, in Betrieb genommen.

Während der ersten neun Monate des Jahres 1940 konnten 34419 t Erz durchgesetzt und 11600 oz (360,7 kg) Feingold gewonnen werden. Das Goldausbringen betrug demnach 10,48 g/t. Die durchschnittlichen Betriebskosten der Saza Mine waren für den gleichen Zeitraum 44,17 sh je Tonne Erz. In dieser Ziffer sind die Amortisationskosten mit 18,42 sh eingeschlossen.

Ntumbi Mine

Besitzer: Mac Hugh and Davis.

Das am Mittellauf des Lupaflusses nordöstlich von Kungutas gelegene Vorkommen besteht aus zwei schmalen Goldquarzgängen, die gute Goldgehalte aufweisen. Eine Holzgasanlage für Krafterzeugung und eine Zyanlaugerei sind vorhanden.

Da die Anreicherungszone in den oberen Teufen hier noch unversehrt erhalten war, konnte 1935 mit einer kleinen Versuchsanlage ein ungewöhnlich hohes Goldausbringen von über 45 g/t erzielt werden[1]. Später sind die Gehalte jedoch stark zurückgegangen.

Die Betriebsergebnisse von 1937 waren folgende:

Verarbeitetes Erz	7336 t
Erzeugtes Rohgold	3716 oz (115,5 kg)
Erzeugtes Feingold	3146 oz (97,8 kg)
Ausbringen	13,3 g/t

[1]) Nach freundlicher Mitteilung von G. Brennich.

Rukwa A

Besitzer: T. H. Bayldon. Nähere Angaben fehlen.

Ergebnisse 1937:	Verarbeitetes Erz	5097 t
	Erzeugtes Rohgold	2487 oz (77,3 kg)
	Erzeugtes Feingold	1885 oz (58,6 kg)
	Ausbringen	11,5 g/t

Kungutas (Menzies Reef)

Besitzer: Tanganyika Minerals Ltd.

Die im Gneis aufsetzenden Gänge sollen Werte von 9—12 dwt (14,0—18,6 g) Gold je Tonne führen. Sie sind durch einen Schrägschacht von 250 Fuß (76 m) Tiefe aufgeschlossen. Die 1936 für eine Tagesleistung von 50 t Erz eingerichtete Aufbereitungsanlage ist 1937 durch eine neue ersetzt worden. Auch ist eine neue Kraftanlage installiert worden.

Ergebnisse 1937:	Verarbeitetes Erz	5830 t
	Erzeugtes Rohgold	2252 oz (70,0 kg)
	Erzeugtes Feingold	1637 oz (50,9 kg)
	Ausbringen	8,7 g/t

Lock's Mine

Besitzer: L. E. Locke.

Die Grube baut auf einem ONO streichenden, etwa 900 Fuß (etwa 273 m) langen Gang im Osten des Lupafeldes. Das Vorkommen führt zum Teil außerordentlich hohe Werte. Der Erzgang durchsetzt unter anderem einen alten Doleritgang, an dem die Goldgehalte lokal bis auf 8% anstiegen! Nähere Angaben über das Vorkommen fehlen. Die Grube scheint aber in der jüngsten Zeit eine ungewöhnliche Entwicklung genommen zu haben. So wurden 1938 aus 1,3 t verarbeitetem Erz 851 oz (26,4 kg) Feingold gewonnen; d. h. eine Tonne von diesem Reicherz ergab 20,3 kg Feingold. Im Februar 1939 hat diese Grube dank ihrer enorm reichen Erze bereits 1275 oz (39,6 kg) Rohgold erzeugt. Sie war damit nächst der Geita Mine der zweitgrößte Goldproduzent der Kolonie.

Safari Mine

Besitzer: Major B. F. Webb. Keine naheren Angaben.

Ergebnisse 1937:	Verarbeitetes Erz	2522 t
	Erzeugtes Rohgold	979 oz (30,4 kg)
	Erzeugtes Feingold	589 oz (18,3 kg)
	Ausbringen	7,2 g/t

Martinaglia's Mine

Besitzer: W. Martinaglia. Keine näheren Angaben.

Ergebnisse 1937:	Verarbeitetes Erz	3585 t
	Erzeugtes Rohgold	933 oz (29,0 kg)
	Erzeugtes Feingold	645 oz (20,0 kg)
	Ausbringen	5,6 g/t

Das niedrige Ausbringen erklärt sich zum Teil daraus, daß die Grube goldführenden Gehängeschutt mitverarbeitet hat[1]).

Zahlreiche kleine Gangvorkommen des Lupa-Goldfeldes befinden sich gegenwärtig im Stadium der Entwicklung. Nähere Angaben fehlen meist ganz. Es ist aber interessant, daß auf den Golderzgängen des Lupafeldes am Ende des Jahres 1937 19 Anlagen entweder in Produktion oder im Aufbau standen. Von diesen dürften inzwischen eine ganze Anzahl in Betrieb gekommen sein, woraus sich zum Teil die außerordentliche Steigerung der Ganggolderzeugung des Jahres 1939 erklärt.

Die übrigen Goldvorkommen des südlichen Vererzungsgürtels

In der weiteren südöstlichen Fortsetzung des Südgürtels liegen die Vorkommen des Undaligebirges, etwa 18 Meilen (etwa 29 km) südlich von Tukuju (Neu-Langenburg) nahe der Grenze gegen Njassaland. Hier kommen alluviale Lagerstätten im Mualesifluß, einem Nebenfluß des Kivira, vor.

Weitere Alluviallagerstätten sind etwa 20 Meilen (32 km) südlich von Mufindi bzw. etwa 100 Meilen (160 km) südsüdwestlich von Iringa bekannt.

Im Songeabezirk östlich vom Njassasee ist 1935 eifrig auf Gold prospektiert worden. Die Ergebnisse sind nicht veröffentlicht worden.

Goldfunde wurden ferner aus dem Liwale-Bezirk im Hinterland des Hafens Lindi gemeldet. Auch soll Gold im Mbemkurufluß gefunden worden sein, der zwischen Kilwa und Lindi den Ozean erreicht.

Beim heutigen Stand der Erforschung scheinen all diese Vorkommen südöstlich des Lupa-Goldfeldes ohne wirtschaftliche Bedeutung zu sein.

---

[1]) Nach freundlicher Mitteilung von G. Brennich.

5. Die Goldvorkommen von Ruanda-Urundi

(Vgl. Tafel VI)

Diese beiden, unter belgischer Mandatsverwaltung stehenden Bezirke liegen im äußersten Nordwesten Deutsch-Ostafrikas. Das gebirgige Land besitzt ein günstiges Klima. An Wasser für industrielle Zwecke herrscht in den höher gelegenen Teilen vielfach Mangel. Die Hauptregenzeit ist mit Unterbrechungen zwischen September und Mai; eine kleine unregelmäßige Regenzeit liegt im Januar. Waldbestand fehlt so gut wie ganz. Straßen verbinden Kigali, den Hauptort von Ruanda, nach Norden mit Entebbe (Uganda) und nach Süden mit Kitega in Urundi. Von hier gehen Straßen nach den Häfen Usumbura und Nyanza am Tanganjikasee. Eine Schiffsverbindung vermittelt den Verkehr von Usumbura mit Kigoma, dem Endpunkt der Mittellandbahn, und mit Albertville auf der belgischen Seite, dem Ausgangspunkt der Lukugabahn.

Geologisch[1]) wird das Gebiet Ruanda-Urundis vorwiegend von den algonkischen Schichten des Muva-Ankole-Systems beherrscht, also im wesentlichen von Schiefern, Phylliten, Quarziten und Sandsteinen. In diese drangen jüngere Granite ein, an welche die Vererzung genetisch gebunden ist. Die Goldvorkommen sind hauptsächlich in den grenznahen Teilen des Landes verbreitet. Im Norden findet sich Gold nahe der Ugandagrenze bei Bjumba nördlich Kigali. Im Westen liegen weitere kleine Goldkonzessionen unweit der Küste des Kivusees. Im Gebiet zwischen dem Kivu- und dem Tanganjikasee werden ausgedehnte Landesteile von Goldfeldern eingenommen. Auch an der nördlichen Ostküste des Tanganjikasees ist Gold in einem großen Gebiet festgestellt worden. Längs der Ostgrenze kommt das Edelmetall besonders in der Umgebung von Muhinga sowie östlich von Kitega vor.

Das Gold findet sich sowohl auf primärer Lagerstätte in Quarzgängen als auch auf sekundärer Lagerstätte in Seifen. Nur die letzteren sind zunächst von wirtschaftlicher Bedeutung. Nähere Daten über die geologischen und wirtschaftlichen Verhältnisse der einzelnen Goldvorkommen fehlen meist. Der Goldbergbau (wie übrigens auch der Zinnbergbau) ist in der Hand von vier größeren Konzessionsgesellschaften vereinigt. Die Berichte dieser Gesellschaften bilden fast die einzige Quelle zur Beurteilung der Bergbauverhältnisse.

Die Entwicklung des Goldbergbaues von Ruanda-Urundi nahm folgenden Verlauf:

---

[1]) Näheres über die geologischen Verhältnisse siehe bei den Zinnvorkommen.

1933	110	kg Rohgold
1934	266,8	„ „
1935	263,0	„ „
1936	435,0	„ „
1937	429,5	„ „
1938	599,0	„ „
1939	883,7	„ „

Die Gewinnung bewegt sich also seit 1933 in ständig aufsteigender Linie. Die Gesamtvorräte wurden 1937 auf etwa 5000 kg Gold geschätzt.

Folgende vier Gesellschaften sind zur Zeit an der Goldgewinnung oder der Prospektion von Goldvorkommen beteiligt:

a) „Minétain" [Société des Mines d'Etain du Ruanda-Urundi[1])]. Die Konzessionen der Gesellschaft liegen im Norden bei Bjumba, ferner an der Ostseite des Kivusees und vor allem in dem großen Gebiet zwischen dem Kivu- und dem Tanganjikasee. In letzterem befinden sich die wichtigsten Minen der Gesellschaft.

In den nördlichen Konzessionsgebieten ist der Goldgehalt der Seifen niedrig, und die jeweiligen Vorräte sind gering. Es handelt sich meist nur um wenige Kilogramm Gold, die hier aus den einzelnen Seifen gewonnen werden können. Im Hauptgoldgebiet der Minétain, also im Nordwesten von Urundi, tritt das Gold ebenfalls nur in Seifen auf. Die primären Lagerstätten sind noch nicht bekannt.

Im Jahre 1938 wurden 895122 cbm alluvialen Materiales durchgewaschen und dabei 466,58 kg Rohgold gewonnen. Diese Menge verteilte sich auf elf verschiedene Lagerstätten. Das durchschnittliche Goldausbringen betrug damit 0,52 g/cbm. Die Goldführung der Alluvionen bewegte sich zwischen 0,28 und 3,97 g/cbm. Als ungewöhnlich reich erwies sich die erst 1939 in Angriff genommene Goldseife von Ravin X. Hier wurden in dem genannten Jahre aus 2493 cbm Schotter nicht weniger als 54,34 kg Gold erzeugt, was einem Ausbringen von 21,8 g/cbm entspricht.

Die Goldreserven der Minétain wurden Ende 1939 auf 1654 kg geschätzt. Die Gesellschaft ist der weitaus größte Goldproduzent von Ruanda-Urundi. Sie lieferte

1934:	240 kg	Rohgold	
1935:	223 „	„	mit 96 % Feingehalt
1936:	386 „	„	„ 96 % „
1937:	338 „	„	„ 97 % „
1938:	466 „	„	„ 97,2% „
1939:	787 „	„	

[1]) Größtenteils nach freundlichen Angaben der Gesellschaft.

b) „Somuki" [Société Minière de Muhinga et de Kigali[1])]. Der Besitz dieser Gesellschaft, die hauptsächlich Zinnbergbau betreibt, liegt in der Umgebung von Muhinga und in einem größeren Gebiet weiter im Süden östlich von Kitega. Ferner besitzt die Gesellschaft ausgedehnte Areale in der Gegend von Usumbura. Die bearbeiteten Goldvorkommen bestehen ebenfalls ausschließlich aus Seifen und sind durchweg klein. Ihre Erzeugung ist dementsprechend geringfügig. Abgebaut werden drei kleine Lagerstätten, deren Goldgehalte zwischen 0,5 und 0,7 g je cbm verarbeitetem Seifenmaterial schwanken.

Die Rohgoldproduktion der Gesellschaft entwickelte sich folgendermaßen:

1933	11,735 kg
1934	26,806 „
1935	40,050 „
1936	49,055 „
1937	85,460 „
1938	99,776 „
1939	61,345 „

c) „Mirudi" (Compagnie Minière au Ruanda-Urundi). Die erst 1937 begonnene Goldgewinnung dieser Gesellschaft betrug

1937	6 kg Rohgold
1938	32,8 „ „
1939	35,4 „ „

d) „Minafor" (Compagnie Minière en Afrique Orientale). Diese von der „Minétain" maßgeblich kontrollierte Gesellschaft belegte große Schürffelder im Bjumbagebiet und westlich von Kigali, im Raum zwischen den Seen und südlich von Usumbura. Ihre Tätigkeit ist vorerst nur auf das Prospektieren beschränkt.

γ) Wirtschaftliche Aussichten. Kosten. Prospektion

Nach dem Gesagten ist das Bild, das die Goldindustrie Deutsch-Ostafrikas zeigt, ein sehr günstiges. Die gesamte Goldproduktion des Tanganjika-Territoriums dürfte 1939 den Wert von 1 Million £ erreicht oder überschritten haben. Rechnet man die Gewinnung von Ruanda-Urundi hinzu, so kommt man unter Berücksichtigung eines mittleren Umrechnungskurses von etwa 11 RM. für ein englisches Pfund im Jahre 1939 auf einen Gesamtwert der deutsch-ostafrikanischen Goldproduktion von rund 13 Millionen RM. Auf Grund der Entwicklung der letzten Jahre und der günstigen geologischen Grundlagen erscheint

[1]) Größtenteils nach freundlichen Angaben der Gesellschaft.

es durchaus möglich, diese Erzeugung in absehbarer Zeit weiter stark zu steigern und damit Deutsch-Ostafrika zu einem wichtigen Goldlande zu machen.

Als aussichtsreiche Gebiete für eine weitere Erschließung bzw. für eine Neuprospektion kommen in erster Linie die Kontaktgürtel der Granite in Betracht (Tafel I). Hierbei ist zu berücksichtigen,

1. daß einzelne abgequetschte Schollen im Granit sich stets als aussichtsreich erwiesen haben;

2. daß zentrale Partien des Granits selbst und diejenigen Teile des Grundgebirges, die — senkrecht zum Kontakt, also vornehmlich NO—SW gemessen — granitfern sind, kaum große Möglichkeiten bieten;

3. daß die NW—SO gerichtete Tektonik, besonders im Süden der Kolonie, auch solche Teile des Grundgebirges als goldhöffig erscheinen läßt, die in nordwestlicher bzw. südöstlicher Richtung fern vom Granit liegen; z. B. das Gebiet von Uruwira und die Fundpunkte in den Flüssen Ruaha und Ruwu.

Einer eingehenden Untersuchung sollte ferner die zwischen den großen Granitmassen eingeklemmte Grundgebirgsscholle zugeführt werden, d. h. das große Gebiet etwa zwischen Tabora und Iringa. Auch Ruanda-Urundi ist als aussichtsreich zu bezeichnen. Eine genauere Abgrenzung goldhöffiger Regionen ist für diese Bezirke jedoch in Ermangelung spezieller Unterlagen zur Zeit nicht möglich.

In bezug auf die Höhe und die gleichmäßige Verteilung der Goldgehalte erscheint der Musoma-Distrikt besonders begünstigt. Man wird daher der weiteren Entwicklung dieses Distriktes besondere Aufmerksamkeit zu schenken haben.

Nach den bisherigen Erfahrungen gehören größere Goldvorkommen, die einen modern eingerichteten Betrieb tragen könnten, zu den Ausnahmen, z. B. die Geita Mine. Klein- und Eigenlöhnerbetriebe bilden in Deutsch-Ostafrika die Mehrzahl. 1938 produzierten im Tanganjikaterritorium nur 17 Gruben jede über 1000 Unzen (31 kg) Rohgold jährlich. Hieraus ergeben sich erhebliche Schwierigkeiten für die Beurteilung der durchschnittlichen Bauwürdigkeitsgrenze für das ganze Land, da diese Kleinbetriebe wohl in der Mehrzahl der Fälle primitiv und ohne besondere Fachkenntnisse, also unwirtschaftlich betrieben werden.

Für mittlere und größere Betriebe können folgende Beträge für Betriebskosten angesetzt werden, die als vorsichtige Schätzung und zur Andeutung der Größenordnung zu bewerten sind.

Bei einem monatlichen Erzdurchsatz von 1000 t und einer Tiefenerstreckung des Erzkörpers bis zu 500 Fuß (etwa 150 m) gestalten sich die Unkosten etwa folgendermaßen[1]):

Abbau und Zimmerung	10 sh je Tonne Erz
Förderung	3 ,, ,, ,, ,,
Wasserhaltung	4 ,, ,, ,, ,,
Wetterfühung u. a.	1 ,, ,, ,, ,,
Gesamte Abbaukosten	18 sh je Tonne Erz
Aufbereitung	10 ,, ,, ,, ,,
Gesamte Gewinnungskosten	28 sh je Tonne Erz
Unkosten für Probenahme, Analysen, Aufsicht und Verwaltung	7 ,, ,, ,, ,,
Gesamtkosten	35 sh je Tonne Erz

Hierzu kommen die Kosten für die Aus- und Vorrichtungsarbeiten. Diese können im Durchschnitt auf etwa 60 sh je laufenden Fuß Strecke oder Schacht geschätzt werden (dies sind etwa 200 sh je laufenden Meter). Im einzelnen setzen sich diese Kosten wie folgt zusammen:

Maschinelle Ausrüstung	13,50 sh je Fuß
Material	16,00 ,, ,, ,,
Gebäude	2,00 ,, ,, ,,
Büro	1,00 ,, ,, ,,
Transport, Wege u. a.	2,00 ,, ,, ,,
Gehälter für Weiße	21,00 ,, ,, ,,
Eingeborenenlöhne	4,50 ,, ,, ,,
Gesamtkosten	60,00 sh je Fuß

Bei einer jährlichen Auffahrung von 2500 Fuß (etwa 760 m) je Grube belaufen sich also die gesamten Unkosten für Aus- und Vorrichtung auf 150000 sh; d. h. bei einer jährlichen Verarbeitung von 12000 t auf 12.50 sh je Tonne Erz.

Somit errechnet sich der gesamte Kostenaufwand (Betriebskosten) je Tonne Erz auf

47,50 sh.

Bei einem Goldpreis von 150 sh je Unze entspricht dies einem Goldwert (Ausbringen) von

6,33 dwt = 9,8 g Feingold je Tonne Erz.

Diese Ziffer ist als die durchschnittliche untere Bauwürdigkeitsgrenze anzusehen. (Zum Vergleich: Auf den großen Gruben

[1]) Benham, Mining in East Africa. Min. Mag. 1935, Vol. 53, p. 345/348.

des Witwatersrandes in Transvaal betrugen die Betriebskosten 1938 nur 19 sh 3 d je Tonne Erz).

Gruben mit großen Erzvorräten können diese Ziffer unterschreiten (z. B. die Geita Mine mit relativ armen Erzen). Dasselbe trifft für kleine Eigenlöhnerbetriebe zu, wo die Verwaltungskosten und anderes wegfallen, dafür allerdings auch stets die Gefahr des Raubbaues vorliegt. Auch die Verkehrslage ist natürlich von Einfluß (vorteilhafte Lage der Betriebe in der Nähe der Wasserstraße des Viktoriasees, ungünstige Verkehrslage des Lupa-Goldfeldes). Rentable mittlere und größere Bergbaubetriebe arbeiten meist mit einem Ausbringen von 10 g Feingold je Tonne Erz und mehr. Bei Erschließung aussichtsreicher Gebiete ist demnach die Zahl von etwa 10 g Feingold je Tonne Erz entsprechend einem Tonnenwert von 28 RM. zugrunde zu legen.

Die Ermittelung der vorhandenen Erzreserven der Kolonie ist infolge der großen Zersplitterung des Goldbergbaus im gegenwärtigen Stadium nicht möglich. Ein besonderer Unsicherheitsfaktor ist dabei die Frage der Fortsetzung der bauwürdigen Erzführung nach der Tiefe. In dieser Beziehung dürften in den einzelnen Distrikten recht verschiedene Verhältnisse herrschen. Vorläufig kann man nur bei der Geita Mine und im Lupa-Goldfeld mit größeren Tiefen (bis etwa 300 m) rechnen. In den übrigen Revieren wird man gut tun, zunächst vorsichtig nicht über 150 m bauwürdige Tiefe einzusetzen (Sekenke hat inzwischen etwa 150 m bei stark gesunkenen Goldgehalten erreicht). Aber auch diese Tiefe wird häufig nicht erreicht werden, da viele Gänge schon in geringen Tiefen, zum Teil sogar schon unterhalb der Oxydationszone, verarmen.

Es wird daher die Ermittlung der Erzreserven erst im Rahmen einer systematischen Untersuchung an Ort und Stelle durchzuführen sein. Dabei ist zu bedenken, daß die Vorratsberechnungen bei keinem Metall schwieriger und unzuverlässiger sind als beim Gold, besonders in den Anfängen des Bergbaus.

Die Überprüfung der bereits bekannten Goldvorkommen auf ihre Erzreserven dürfte drei Montangeologen, d. h. geologisch gut geschulte Bergingenieure, die Golderfahrung haben müssen, auf die Dauer von 2—3 Jahren beschäftigen. Dabei handelt es sich um mehr als 150 einzelne Fundpunkte, von denen die meisten wenig oder gar nicht untersucht worden sind. Die Absuchung und Prospektion der zum Teil ausgedehnten Gebiete wäre zweckmäßig mit Unterstützung von ortserfahrenen Weißen, evtl. auch unter Heranziehung eingeborener Prospektoren durchzuführen. Gute Dienste würde auch eine vorausgehende Luftkartierung leisten. In Betracht kommen hierfür Senkrechtaufnahmen aus etwa 3000 m Höhe und Bildabzüge im Maßstab 1:10000.

Der jährliche Aufwand für diese Untersuchungsarbeiten (ohne Luftkartierung) dürfte sich auf etwa 60000 sh belaufen (Gehälter, Löhne, Reiseunkosten, Material). Die erforderlichen Schürfarbeiten bei diesen Untersuchungen sind zunächst schwer abzuschätzen. Bewilligt man jedem Geologen jährlich 500 laufende Meter Schürfe je 200 sh (Schurfschächte und Stollen), so ergibt sich für alle drei Geologen ein weiterer jährlicher Aufwand von 1500 m je 200 sh = 300000 sh. Eine drei Jahre dauernde Überprüfung der bereits bekannten Goldvorkommen wird also jährlich etwa 360000 sh, im ganzen demnach etwas über 1 Million Shilling kosten. Durch Einfügung dieser Arbeiten in einen großen, zweckmäßig gegliederten Gesamtplan der bergbaulichen Untersuchung des Landes wird der auf die Goldlagerstätten entfallende Anteil sich wirtschaftlich noch günstiger gestalten lassen.

Was die Kartierungs- und Prospektionsarbeiten in den unverritzten goldverdächtigen Gebieten betrifft, so sei als Anhalt für das Ausmaß dieser Arbeiten erwähnt, daß die Gesamtlänge des Kontaktes zwischen Granit und Grundgebirge im Bereiche Deutsch-Ostafrikas schätzungsweise etwa 6000—12000 km betragen kann. Hierzu kommen die flächenhaften goldverdächtigen Gebiete, z. B. zwischen dem Luparevier und dem Uruwira-Goldfeld sowie darüber hinaus nach NW und SO, deren Umfang zunächst nicht ohne weiteres abgeschätzt werden kann.

c) Die Zinnvorkommen

1. Geologische Verhältnisse

Die Lagerstätten des Zinns und der mitvorkommenden Wolfram-, Niob- und Tantalerze sind im Bereiche Deutsch-Ostafrikas auf den äußersten Nordwesten beschränkt. Ihr Verbreitungsgebiet liegt zwischen dem Viktoria-, Kivu- und dem Tanganjikasee, und zwar vornehmlich in Ruanda, außerdem im nördlichen Urundi sowie im westlichen Teil des Bukoba-Bezirkes. Das Gebiet ist geologisch sehr deutlich von den übrigen Teilen der Kolonie abgetrennt. Parallel zur Westküste des Viktoriasees verläuft eine Bruchlinie in SSW-Richtung gegen den Tanganjikasee. Östlich dieser Linie und parallel zu ihr liegt ein schmaler Streifen nachgranitischer Sedimente auf dem Grundgebirge, welches die großen, nordwestlich gerichteten Granitintrusionen beherbergt. Westlich dieser Linie herrscht ein ganz anderes Bild. Es wiegt hier eine nach NO gerichtete Tektonik vor. Das Grundgebirge wird, besonders im nördlichen Teile, von den Schiefern, Phylliten und Quarziten des algonkischen Karagwe-Ankole-Systems[1]) bedeckt. Zusammen mit dieser Bedeckung wird das Grundgebirge von den jüngeren Graniten durchbrochen. Diese dringen im wesentlichen in die NO-gerichteten Faltenzüge ein. Sofern daneben eine NW-gerichtete Faltung vorliegt, was im mittleren und nördlichen Teile des Gebietes der Fall ist, bietet auch diese den Granitintrusionen einen Weg des Einschubes. Es ist wohl auf diese stellenweise auftretende Gitterstruktur zurückzuführen, daß domartige Aufwölbungen der Dachschichten zur Ausbildung kommen. Nach erfolgter Abtragung und Einebnung bildeten die metamorphen Schichten des Karagwe-Ankole-Systems in ihrer Steilstellung an der Peripherie der Granitmassive ringförmige Wälle, die aus dem Gelände hervorragen. Innerhalb dieser Wälle streicht der leichter verwitternde Granit aus. Diese Gebilde werden lokal als „Arenas" bezeichnet (Abb. 8).

Die im Gefolge der Granitintrusionen eingetretene Vererzung ist von den Karagwe-Ankole-Schichten aufgenommen worden. Es werden zwei für die Vererzung verantwortliche Granitschübe unterschieden. Der vermutlich ältere von ihnen ist ein Biotitgranit, der einem Kalk-Alkalimagma entstammt. Er ist meist körnig ausgebildet und von grauer oder brauner Farbe. Große porphyrische Feldspatindividuen treten darin auf. Gelegentlich finden sich gneisige Partien, die sogar in Serizitschiefer übergehen können. Dieser Granit tritt hauptsächlich im östlichen Teil des Zinngebietes auf.

Der jüngere Granit ist häufiger im Westteil anzutreffen. Dieses alkalireiche Gestein führt neben Biotit auch Muskovit. Als Feldspat tritt Mikroklin auf. Untergeordnet finden sich Zirkon, Turmalin und Granat. Das Gestein ist weiß oder gelblich, mittelkörnig, in den Randteilen oft granulitisch. Übergänge zwischen beiden Graniten sind vorhanden.

Im Kontaktbereich ist der Granit meist silifiziert und turmalinisiert. Sein Gehalt an Zinnstein ist jedoch sehr gering. Die primären Träger des Zinns sind Pegmatitgänge, die vorzugsweise in den Phylliten nahe am Granitkontakt, also in den Arenawällen auftreten. Die meist unregelmäßig gebauten linsenförmigen Gänge führen vorwiegend Quarz und Glimmer. Feldspat tritt nur untergeordnet auf. Als akzessorische Bestandteile finden sich Zinnerz und Topas. Turmalin ist in wechselnden Mengen zugegen. Mit zunehmendem Gehalt an

[1]) Lokale Bezeichnung für das Muva-Ankole-System.

Turmalin nimmt die Zinnerzführung ab. Die bisherigen Erfahrungen scheinen darauf hinzuweisen, daß nur etwa $^1/_3$ aller Pegmatitgänge zinnführend sind. Die Gehalte dieser Gänge bewegen sich zwischen

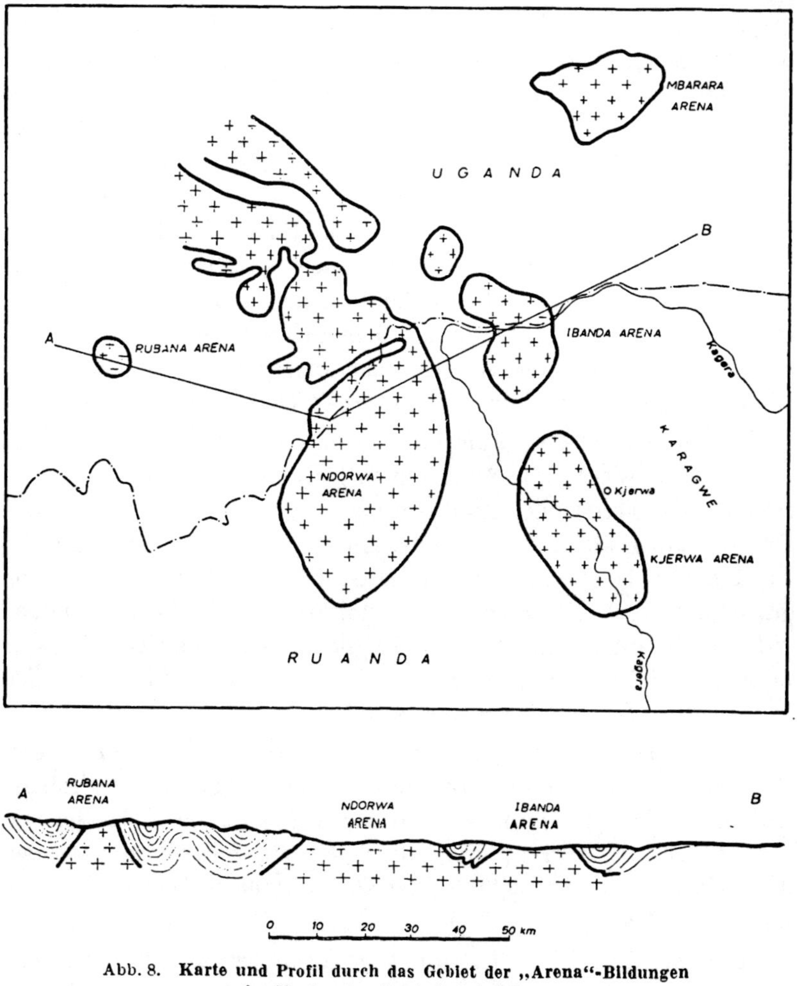

Abb. 8. **Karte und Profil durch das Gebiet der „Arena"-Bildungen im Nordwesten Deutsch-Ostafrikas.**

Der Granit (Kreuze) dringt in die Schichten des Karagwe (Muva)-Ankole-Systems ein, indem er dessen domförmige Aufwölbungen ausfüllt. (Umgezeichnet nach H. A. Stheeman, 1932)

etwa 0,2 und 1,5% Sn im Pegmatit. Genetisch mit den Zinnvorkommen verknüpft sind die Lagerstätten von Wolframit, Scheelit und tantalreichem Columbit.

Der Stand der Erforschung der primären Lagerstätten im Nordwesten Deutsch-Ostafrikas ist vorerst noch recht niedrig. Das wirtschaftliche und damit auch das geologische Interesse ist bis jetzt hauptsächlich den sekundären Lagerstätten zugewandt gewesen, aus denen der Großteil der gewonnenen Erze stammt.

Die Seifenvorkommen gehören zwei Typen an, die sich in ihrem örtlichen Auftreten und wohl auch im Alter unterscheiden. Die heutigen klimatischen Verhältnisse zeichnen sich durch geringe Niederschlagsmengen aus. Eine weite Verfrachtung von erodiertem erzreichem Material durch Wasser kann daher kaum stattfinden. Sie beschränkt sich ganz auf den Abtransport der leichteren Gesteinsbestandteile. Infolgedessen bleiben die schwereren Erzpartikel am Ausgehenden der Erzgänge liegen oder rutschen hangabwärts, ohne jedoch weit von der Ursprungsstelle abzuwandern. Nach der Wegführung des leichten Gesteinsmateriales bleibt auf diese Weise eine an Zinnerz reiche eluviale Seife zurück. Sie ist durch die relative Größe der einzelnen Erzkristalle bzw. Kristallaggregate und durch den geringen Grad ihrer Abrollung gekennzeichnet. Im Gegensatz zu diesem Seifentypus hat bei den fluviatilen Seifen ein längerer Transport im fließenden Wasser stattgefunden. Die Konzentration des Erzes geschah hier fern von der primären Lagerstätte, wobei diese selbst zum großen Teil abgetragen wurde. Da dieser Prozeß die Einwirkung großer Wassermassen voraussetzt, hat die Entstehung der Flußseifen im Zwischenseengebiet wahrscheinlich in der Diluvialzeit stattgefunden. (Der europäischen Eiszeit entspricht in Afrika eine Pluvialzeit.) Die in den Flußtälern auftretenden Seifen führen ein stark abgerolltes und meist recht fein zerkleinertes Zinnerz (sogenanntes Pulverzinn). Der Bergmann und der Prospektor bezeichnen diesen Typus als alluviale Seifen, wobei dieser Name nur die Entstehungsweise, nicht jedoch das Alter berücksichtigt.

Die eluvialen Seifen bilden heute noch das wichtigste Bergbauobjekt für Zinnerze. Alluvialseifen finden sich häufig in wasserführenden und in trockenen Flußbetten. Sie sind ebenfalls als Zinnlieferanten bedeutsam, treten jedoch gegenüber den eluvialen Vorkommen zurück. Die geringste Menge Zinnerz wird aus den Primärvorkommen gewonnen.

Im großen gesehen bilden die Lagerstätten des Zinns in Deutsch-Ostafrika einen Teil der großen ostafrikanischen Zinnzone, die sich vom östlichen Belgisch-Kongo durch Ruanda-Urundi und den Nordwesten des Tanganjika-Territoriums bis nach dem Süden Ugandas erstreckt. Das britische Mandatsgebiet ragt nur mit einem kleinen Zipfel in die Zinnerzzone hinein. Hier liegen das sogenannte Karagwe-

Zinnfeld und die Vorkommen des Biharamulo-Distriktes. Der größere Teil der Zinnfelder Deutsch-Ostafrikas befindet sich aber im Bereiche des belgischen Mandatsgebietes Ruanda-Urundi.

2. Die Zinnvorkommen des Tanganjika-Territoriums

(Das Karagwe-Zinnfeld und der Biharamulo-Distrikt)

Die wichtigsten Vorkommen dieses Zinngebietes liegen im Kontakthof der Ibanda-Arena, die im Norden vom Tal des west-östlich verlaufenden Kageraflusses durchschnitten wird (vgl. Abb. 8). Hier wird das Zinn in zahlreichen kleinen Gruben bei Mirongo und östlich davon gewonnen. Kleine Lagerstätten sind auch an der Westseite der Arena bekannt. Südlich von der Ibanda-Arena liegen die Vorkommen von Kjerwa und die Fundstellen am Mujunjusee. Geringe Zinnmengen wurden ferner in der Nähe von Bugufi und im Sultanat Busubi, westlich von Kesa, am Kagerafluß (Bezirk Biharamulo), gefunden und zum Teil gewonnen. 13 Meilen (20 km) südöstlich von Mirongo, bei Ihungere, kommt Wolframit auf Quarzgängen und Seifen vor. Dieses Mineral begleitet das Zinnerz untergeordnet auch an vielen anderen Stellen.

Die Gänge von Mirongo streichen in NNO-Richtung und besitzen oft ein steiles Einfallen. Flachfallende Gänge werden lokal als „floats" bezeichnet. Das Zinnerz ist meist am liegenden Salband im unmittelbaren Kontakt mit dem Schiefer angereichert und tritt zusammen mit Glimmer auf. Gewonnen werden fast nur die eluvialen Seifenvorkommen, wobei der Abbau von Kleinpächtern betrieben wird. Eine systematische Prospektion wird daher meist unterlassen. In der Nähe des Kageraflusses kann die Aufbereitung mit einfachen „sluice boxes" (Gerinnen) erfolgen (Abb. 9 auf Tafel zwischen Seite 60 und 61). Wo die Entfernung zum Fluß zu groß wird (über 2 km), wird von Hand in Schüsseln gewaschen. Das Betriebswasser muß in Auffanggräben und Wasserlöchern gespeichert werden. In der Trockenzeit ruht hier der Betrieb. Der Anreiz zum Aufschließen von Primärvorkommen fehlt, da der Einzelpächter nur ein kleines Areal zugewiesen bekommt (0,4—1,2 ha). Immerhin sind hier und da kleine Stollen durch Handbohrbetrieb aufgefahren worden.

Der Umfang der Arbeiten schwankt mit dem Zinnpreis. Im allgemeinen wird nur reiches Seifenmaterial bearbeitet. Die Zinngewinnung bei Mirongo begann im Jahre 1925, um dann in den Jahren 1929—1932 bei einem Zinnpreis von 110 £ je Tonne fast ganz zum Erliegen zu kommen. In den 3 Jahren 1934—1936 wurden hier rund

850 t Zinnerz produziert. Die monatliche Erzeugung eines Kleinpächters schwankt je nach der Güte der Abbaustelle in weiten Grenzen zwischen etwa 0,3 und 10 t Zinnerz. Im großen Durchschnitt sollen die Zinnseifen etwa 1,3—1,8 kg Erz je Kubikmeter enthalten. In Talsohlen kann die Erzführung bis auf 9 kg/cbm ansteigen. Meist ist jedoch in solchen Fällen mit einer Überdeckung durch taube Massen von 12—15 m zu rechnen. Unrationelle Besitzverhältnisse, Wassermangel und die primitiven Arbeitsmethoden hemmen die Entwicklung des Zinnbergbaus stark. Schwierigkeiten bereitet auch die Beschaffung von Arbeitskräften.

Die Zinnseifen westlich von Mirongo zeichnen sich durch bessere Erzgehalte aus, sind aber bis auf geringe Reste abgebaut. Die Gangvorkommen sind leichter zugänglich, da sie oft in tonig zersetzten Massen eingebettet auftreten. Ein Gang wurde hier bis auf eine Tiefe von etwa 20 m aufgeschlossen. Seine Zinnerzführung ist nicht sehr hoch, aber gleichmäßig. Gehalte von etwa 1,5 kg Erz je Tonne sollen normal sein.

Das etwa 32 km südlich von Mirongo gelegene Kjerwagebiet bildet das Hauptzinnfeld des Distriktes. Das anstehende Gebirge ist hier sehr stark von Lockermassen (Quarzitblöcke, Schotter, Sande, Lehme) überdeckt, die an den flachen Abhängen 2—10 m, in den Talsohlen bis zu 25 m mächtig werden sollen. Das Seifenmaterial soll 1,5—4 kg Zinnerz je Kubikmeter enthalten. Prospektionsergebnisse, die jedoch einer Nachprüfung bedürfen, zeigten in einem Falle einen Zinnvorrat von 600 t in diesen Ablagerungen. Die Primärvorkommen sind denjenigen von Mirongo sehr ähnlich. Indesen soll das Zinnerz hier häufiger an beiden Salbändern der Gänge auftreten. Im Gegensatz zu dem dunkelbraun gefärbten Zinnstein von Mirongo ist derjenige von Kjerwa hellgelb bis weiß gefärbt. Die Betriebsverhältnisse entsprechen im allgemeinen denjenigen von Mirongo.

Über die Zinnvorkommen im Biharamulo-Bezirk liegen noch keine genaueren Untersuchungen vor. Im Jahre 1937 wurden hier 6 t Zinnerz aus einer eluvialen Lagerstätte gefördert.

Die Lohnbedingungen entsprechen im großen und ganzen der Leistungsfähigkeit der Eingeborenen. Durchschnittlich erhalten sie 8 sh für 30 Arbeitstage; dazu kommt Verpflegung (Maismehl und Bohnen), so daß sich ein Gesamtmonatslohn von etwa 14 sh ergibt. Im allgemeinen werden je Claim etwa 70 Leute beschäftigt. Die Eingeborenen bleiben selten länger als 3 Monate bei der Arbeit. In dieser Zeit ersparen sie meist ihren Steuerbetrag (10 sh jährlich) und widmen sich während der übrigen Zeit des Jahres ihrer Landwirtschaft. Meist sind sie aus Ruanda, zum Teil aus Urundi zugewandert. Schlechte gesundheitliche Verhältnisse, verbunden mit ungenügender Trinkwasserversorgung machten bisher ihre ständige Ansiedlung unmöglich.

Trotz der Ungunst der Verhältnisse und der zahlreichen vermeidbaren Mißstände ist die Zinngewinnung im britischen Mandatsbereich im Steigen begriffen.

Zinnerzgewinnung des Tanganjika-Territoriums seit Beginn der Förderung in metr. t[1])

Jahr	t Konz.	Gehalt der Konzentrate
1925	30	75 % Sn
1926	25	75 % ,,
1927	35	75 % ,,
1928	53	
1929	19	
1930	10	
1931	20	
1932	50	
1933	72	
1934	143	72,3% Sn
1935	184	
1936	292	71,6% ,,
1937	276	72,4% ,,
1938	373	

Die Gesamtproduktion von 1925—1938 beläuft sich auf rund 1580 t Zinnerzkonzentrat.

Das 1934 entdeckte Wolframitvorkommen von Ihungere wird seit Mitte 1935 in bescheidenem Umfang ausgebeutet. Zu Beginn des Betriebes wurden Konzentrate mit 50—60% WO_3 und darüber erzielt. Für das Jahr 1937 wurde der Gehalt an Wolframsäure mit 71,87% angegeben. In diesem Jahre ist auch eine gewisse Menge Scheelit mitgewonnen worden. In den einzelnen Jahren sind folgende Mengen Konzentrate erzeugt worden:

1935 .... rund 5 t
1936 .... 2,28 t
1937 .... 1,57 t

3. Die Zinnvorkommen von Ruanda-Urundi

(Vgl. Tafel VII)

Die lagerstättlichen Verhältnisse der Zinnvorkommen im Bereiche des belgischen Mandatsgebietes entsprechen, wie schon erwähnt, den-

[1]) Im wesentlichen nach Range, Z. prakt. Geol. 1938, S. 146.

jenigen des Tanganjika-Territoriums. Die ostafrikanische Zinnzone durchzieht diese Bezirke in ihrer ganzen Breite, so daß die Anzahl der Lagerstätten hier viel größer ist als in Tanganjika. Besonders reichlich ist das Gebiet von Ruanda vererzt worden, während Urundi nach dem heutigen Stand des Wissens eine relativ nur geringe Vererzung aufweist.

Der wichtigste Unterschied im Zinngewinnungsbetrieb Ruanda-Urundis gegenüber demjenigen des Tanganjika-Territoriums besteht darin, daß die Konzessionen hier nicht an Pächter vergeben werden, sondern durch die großen, schon beim Kapitel Gold genannten Gesellschaften selbst zur Ausbeutung gelangen. Die Zerstückelung des Grubenbesitzes fällt also weg und der Betrieb kann wesentlich rationeller gestaltet werden. Dazu gehört in erster Linie eine großzügige und planmäßige Wasserversorgung; eine Aufgabe, die nur von kapitalkräftigen Unternehmern zufriedenstellend gelöst werden kann. Zur Versorgung der meist hoch über der Talsohle liegenden Zinnbetriebe mit Wasser ist ein weitläufig angelegtes Kanalnetz erforderlich. So hat z. B. die „Minétain“ bis zum Jahre 1936 zur Wasserversorgung ihrer zahlreichen Zinnabbauplätze, die meist in Höhen von 1400 bis 2600 m liegen, nicht weniger als 140 km Kanäle gebaut und etwa 20 Wasserspeicherungsanlagen errichtet. In den folgenden Jahren ist das Kanalnetz noch bedeutend vergrößert worden, um alle weit auseinander liegenden Vorkommen zu versorgen.

Im einzelnen ergibt sich über die Verhältnisse der verschiedenen Gesellschaften folgendes Bild:

a) „Minétain“ [Société des Mines d'Etain du Ruanda-Urundi[1])]

Die Zinnvorkommen dieser Gesellschaft befinden sich in Ruanda, und zwar im Bereiche des Mohasisees östlich Kigali und des Nyavarongoflusses westlich Kigali. Es handelt sich zwar um sehr zahlreiche, aber kleine und sehr verzettelt auftretende Einzellagerstätten von relativ geringer Leistungsfähigkeit. Durch Vermehrung der Wasserspeicher, Anlage von Rohrleitungen zur Wiederverwertung des Betriebswassers, Bau von Äquadukten und Errichtung neuer Pumpanlagen ist es der Gesellschaft gelungen, die Zahl der Aufbereitungsstellen so weit zu vergrößern, daß beträchtliche Massen durchgesetzt werden konnten. Im Jahre 1938 wurden folgende Betriebsergebnisse erzielt:

---

[1]) Größtenteils nach freundlichen Angaben der Gesellschaft.

Eluviale Seifen:	Verarbeitetes Material	216900	cbm
	Erzeugte Konzentrate	295,8	t
	Durchschnittliches Ausbringen	1,36	kg/cbm
Alluviale Seifen:	Verarbeitetes Material	287300	cbm
	Erzeugte Konzentrate	158,6	t
	Durchschnittliches Ausbringen	0,55	kg/cbm
Gänge:	Verarbeitetes Material	16700	t
	Erzeugte Konzentrate	209,8	t
	Durchschnittliches Ausbringen	12,5	kg/t

Im einzelnen schwankte das Ausbringen bei den eluvialen Seifen zwischen 0,61 und 5 kg, bei den alluvialen Seifen zwischen 0,14 und 1,11 kg Zinnstein je Kubikmeter. Die Gehalte der einzelnen Lagerstätten sind also sehr wechselnd. Die Gesamtproduktion des Jahres 1938 mit 664,2 t Konzentrat stammte aus 26 verschiedenen Vorkommen. Der Anteil des aus Gängen gewonnenen Erzes war in diesem Jahre verhältnismäßig hoch und belief sich auf 31,6% der Gesamterzeugung.

Die Entwicklung der Zinnerzgewinnung der „Minétain" während der letzten 5 Jahre zeigt folgendes Bild:

1935:	374 t	Konzentrate	mit	70% Sn
1936:	475 t	„	„	71% „
1937:	656 t	„	„	72% „
1938:	664,2 t	„	„	72% „
1939:	461,4 t	„	„	—

Die im Gebiet der „Minétain" Ende 1939 vorhandenen Zinnerzvorräte werden folgendermaßen geschätzt:

In eluvialen Seifen	1383 t	Zinnstein
In alluvialen Seifen	320 t	„
In Gängen	300 t	„
Insgesamt	2003 t	Zinnstein

Das Hauptgewicht der Reserven liegt also bei den eluvialen Seifen.

b) „Somuki" [Société Minière de Muhinga et de Kigali[1])]

Diese Gesellschaft verfügt offenbar über die besten bisher entdeckten Zinnvorkommen. Die Hauptlagerstätte ist die Rutongo-Mine unmittelbar nördlich Kigali, deren Grubenfeld 9192 ha umfaßt und die praktisch die ganze Zinnproduktion der Gesellschaft liefert. Ein kleines unbedeutendes Vorkommen liegt südlich Muhinga. Seit 1931

[1]) Größtenteils nach freundlichen Angaben der Gesellschaft.

hat die Somuki aus eluvialen und alluvialen Seifen sowie aus Gängen nachstehende Konzentratmengen erzeugt:

Jahr	Eluviale Seifen		Alluviale Seifen		Gänge		Zusammen t	Gehalt der Konz. % Sn
	t	Anteil in %	t	Anteil in %	t	Anteil in %		
1931							81	
1932							286	
1933							388	72
1934	371	68,5			169	31,5	540	75,5
1935	437	56,8	224	29,1	109	14,1	770	76
1936	327	37,2	361	41,0	192	21,8	880	76
1937	324	49,7	223	34,1	106	16,2	653	76
1938	359	46,7	331	43,0	79	10,3	769	76
1939	375	43,9	359	42,1	120	14,0	854	76

Aus der Tabelle ergibt sich der überwiegende Anteil der eluvialen Seifen an der Gesamtgewinnung und die große Reinheit der Konzentrate, die dem theoretischen Gehalt des Minerals Zinnstein nahekommt.

Als durchschnittliche Gehalte der bemusterten Erzreserven werden folgende Werte angegeben:

Für eluviale Seifen: 2,22 kg Zinnstein/cbm zinnhaltiger Schotter, bzw.
1,10 kg Zinnstein/cbm für das ganze Seifenprofil einschließlich der tauben Überlagerung.

Für alluviale Seifen: 1,37 kg Zinnstein/cbm zinnhaltiger Schotter, bzw.
0,52 kg Zinnstein/cbm für das ganze Seifenprofil einschließlich der tauben Überlagerung.

Die mittlere Mächtigkeit der zinnführenden Schicht beträgt bei den eluvialen Seifen etwa 2,0 m, bei den alluvialen Seifen 2,2 m. Die tauben Deckschichten sind bei ersteren durchschnittlich 1,5 m, bei letzteren 3,8 m mächtig.

Die Gehalte der Zinnerzgänge sind bis jetzt noch nicht ermittelt worden. Betriebsergebnisse des Jahres 1938 zeigten ein mittleres Ausbringen von 11,5 kg Zinnstein/t aus dem Haufwerk der Gänge.

Die sichtbaren Erzreserven der „Somuki" wurden 1939 mit rund 10813 t Zinnstein angegeben. Davon entfallen 8690 t auf die eluvialen, 2123 t auf die alluvialen Seifen. Auch hier sind demnach die ersteren ausschlaggebend.

Im Jahre 1939 beschäftigte die Gesellschaft 3770 Eingeborene und 32 Europäer.

c) „Mirudi“ (Compagnie Minière au Ruanda-Urundi)

Diese Gesellschaft arbeitet seit Ende 1937 auf einer Reihe kleinerer Grubenfelder in den westlichen Teilen des Landes. Sie erzeugte 1938: 65,7 t Zinnerzkonzentrate und konnte diese Menge 1939 auf 112,8 t steigern.

d) „Minafor“ (Compagnie Minière en Afrique Orientale)

Diese Gesellschaft, die sich vorwiegend noch im Prospektionszustand befindet, hat erstmals im Jahre 1939 7 t Zinnerzkonzentrate gefördert.

Abgesehen von den Vorkommen dieser 4 Gesellschaften sind eine Reihe weiterer Fundpunkte von Zinnerz besonders aus Ruanda bekannt geworden. Wenn sich diese auch in den meisten Fällen bisher als unbauwürdig erwiesen haben, so hat es doch den Anschein, als ob im belgischen Mandatsgebiet noch weitere nutzbare Zinnvorkommen ihrer Entdeckung harren.

Zinnerzgewinnung von Ruanda-Urundi seit Beginn der Förderung in metr. t[1])

1928	66 t	Konz.
1929	38 t	„
1930	318 t	„
1931	92 t	„
1932	286 t	„
1933	540 t	„
1934	1007 t	„
1935	1143 t	„
1936	1356 t	„
1937	1309 t	„
1938	1498 t	„
1939	1435 t	„

Die bisherige Gesamtausbeute von Ruanda-Urundi beträgt bis Ende 1939 rund 9100 t Zinnerzkonzentrat.

Die zusammen mit dem Zinnerz auftretenden Erze des Wolframs, Niobs und Tantals scheinen sich, nach den bisherigen Funden zu urteilen, auf das Gebiet von Ruanda zu beschränken. Nennenswerte Mengen wurden nur von der „Minétain“ gefördert. Geringe Vorräte finden sich auf den Konzessionen der Minafor. Es handelt sich um Wolframit und um tantalreichen Columbit (Fe, Mn)Nb_2O_6, die hauptsächlich als Nebenprodukte bei der Zinngewinnung anfallen. Gelegentlich tritt Columbit auch in kleinen selb-

[1]) Nach den Gesellschaftsberichten.

ständigen Anreicherungen auf Gängen und in Seifen auf, von denen nur die letzteren ausgebeutet wurden. Auch einige alluviale Wolframitvorkommen sind bekannt. Die primären Lagerstätten dieses Minerals sind noch nicht entdeckt worden.

Gewinnung von Wolframit und Columbit in Ruanda-Urundi

Jahr	Wolframit	Columbit
1935	—	817 kg
1936	375 kg	—
1937	545 kg	7541 kg
1938	5522 kg	2365 kg

Insgesamt wurden seit Beginn der Förderung bis Ende 1938 im Gebiet von ganz Deutsch-Ostafrika gewonnen:

An Zinnerzkonzentraten . rund 9230 t[1])
An Wolframerzen .... 15,3 t
An Columbit .... 10,7 t

4. Wirtschaftliche Aussichten. Kosten. Prospektion

Bezeichnend für die Zinnvorkommen Ruanda-Urundis und des nordwestlichen Tanganjika-Territoriums ist ihre große Verstreuung fast über das ganze Gebiet dieser Bezirke. In ihrer Bindung an die algonkischen und postalgonkischen Granite folgt die Vererzung naturgemäß der Verteilung dieser Intrusionen, die nicht in einem großen zusammenhängenden Block an der heutigen Oberfläche ausstreichen, sondern in zahlreiche kleine Aufbrüche zerfallen.

Die Lage der Zinnvorkommen an der Peripherie dieser Aufbrüche läßt die Gesamtlänge der zinnverdächtigen Kontaktzonen sehr groß werden. Infolgedessen ist das Gebiet als eine aussichtsreiche Vererzungsprovinz anzusehen.

Bei der Entwicklung des Bergbaues müssen im wesentlichen wohl drei größere Hindernisse überwunden werden. Zunächst ist die Frage der ausreichenden Wasserversorgung zu lösen. Ferner sind die heute noch sehr schwierigen Transport- und Verkehrsverhältnisse zu meistern. Eine weitere Schwierigkeit besteht darin, daß dank der starken Besiedelung des Landes und dem Vorwiegen der Landwirtschaft als Erwerbszweig der Eingeborenen erhebliche Flächen von Siedlungen und Kulturländereien eingenommen werden und damit dem Bergbau ver-

---

[1]) Mit Gehalten zwischen 70 und 76% Sn. Unter Zugrundelegung eines mittleren Gehaltes von 73% Sn würde diese Menge einem Inhalt von über 6700 t Zinnmetall entsprechen.

6*

schlossen bleiben müssen. Der Mangel an Holz läßt die Verwendung von Eisen für Bauwerke aller Art vielfach vorteilhaft erscheinen.

Die Betriebskosten werden stark von den Transportverhältnissen beeinflußt, vor allem von dem Heranschaffen des Baumateriales sowie von der Wasserversorgung (Rohrleitungen, Kanäle usw.). Ferner fallen ins Gewicht die Kosten der Verschiebung von Aufbereitungsanlagen auf neue Gewinnungsplätze; ein Vorgang, der sich relativ häufig wiederholen kann, da die meisten Vorkommen nur klein, oft sogar sehr klein sind und daher bald erschöpft werden.

Die Lohnverhältnisse in Ruanda-Urundi werden hauptsächlich von der Höhe der zusätzlichen Aufwendungen bestimmt (Verpflegung, Wohnung, gesundheitliche Betreuung, Kleidung, Steuern usw.). Der Lohn eines Minenarbeiters betrug 1939 bei der „Somuki" 1,16 belgische frs. (etwa 9 Pfg.) je Tag. Vorarbeiter erhalten 1,90 frs. (etwa 15 Pfg.) je Tag, während Handwerker 2,50—3 frs. (etwa 20—24 Pfg.) täglich verdienen. Diese an sich niedrigen Sätze werden aber durch die sonstigen Aufwendungen erheblich vergrößert. Im Mittel rechnet man mit einem Gesamtaufwand von 8,75 belgischen frs. (70 Pfg.) je Tag und Mann. Für diejenigen Arbeiter, die nicht auf dem Werke wohnen, ermäßigt sich der Gesamtaufwand auf 4,75 belgische frs. (38 Pfg.) je Tag.

Der zur Deckung der gesamten Gewinnungskosten erforderliche Gehalt des aus Gängen und Seifen stammenden Rohhaufwerkes wurde 1939 von der „Somuki" mit 1,33 kg Zinnstein/cbm verarbeitetes Material angegeben. Unter Zugrundelegung eines Zinnpreises von 28600 belgischen frs./t und eines Metallgehaltes der Erze von 76% errechnen sich die gesamten Betriebskosten für 1 t zinnführenden Schotters zu 28,88 belgische frs. oder 2,31 RM. Die Reserven an Zinnerz im Gebiet von Ruanda-Urundi wurden in den Konzessionen der „Minétain" und der „Somuki" im Jahre 1939 auf nahezu 13000 t angegeben. Schätzungen der beiden anderen Gesellschaften liegen nicht vor, doch kann mit großer Wahrscheinlichkeit eine bedeutende Vergrößerung dieser Ziffer angenommen werden. Beim heutigen Stand des Wissens und dem Gewinnungstempo der letzten Jahre ist demnach dem Zinnbergbau Ruanda-Urundis eine längere Lebensdauer gesichert.

Die Eingeborenenlöhne im Zinngebiet des Tanganjikaterritoriums sind wesentlich höher. Hier werden etwa 16 Pfg. pro Tag, also fast das Doppelte bezahlt. An Gesamtaufwand von Lohn und Verpflegung entfallen im Durchschnitt auf jeden eingeborenen Arbeiter indessen nur etwa 28 Pfg. je Tag, also ganz erheblich weniger als in Ruanda-Urundi mit seiner stark ausgebauten sozialen Fürsorge.

Die weitere Prospektion wird neben der Erfassung von alluvialen und eluvialen Seifen ihr Augenmerk besonders auf die systematische Erforschung und wirtschaftliche Beurteilung der Gangvorkommen richten müssen. Vorbedingung hierzu wird eine Detailkartierung der Granitausbisse und der in ihrem Kontaktbereich liegenden Schichten des Karagwe-Ankole-Systems sein. In allen Fällen wird eine sorgfältige topographische Kartierung notwendig werden, da erst auf ihr fußend die schwierigen Entwürfe von Wasserversorgungsanlagen und von Straßenbauten gemacht werden können.

d) Die übrigen Erzvorkommen

1. Blei- und Silbererze

Eine Bleierzgewinnung fand neuerdings auf dem Mukwamba Reef im Uruwira-Goldfeld (s. d.) statt. Das Erz (silberhaltiger Bleiglanz) kommt sowohl in derben Mitteln als auch eingesprengt im Quarz des Ganges vor. 1937 wurden erstmalig 43 long t Bleierzkonzentrate mit über 74% Pb verschifft. Das Konzentrat enthielt neben 32 t Pb-Metall noch 34,25 kg Silber, 104 g Gold und 21,8 kg Wismut. Die weiteren bergbaulichen Aussichten werden günstig beurteilt.

In Hombolo, etwa 40 km nordöstlich von Dodoma, kommt Bleiglanz sowohl im Detritus als auch anstehend in einem brekziösen Erzkörper vor, der zwischen zwei feinkörnigen Grünsteinschiefern eingekeilt ist. Neben Spuren von Gold enthält der Bleiglanz 600 g/t Silber. Das Vorkommen besitzt keinen wirtschaftlichen Wert.

Etwas Bleiglanz findet sich häufig auf den Golderzgängen im Lupagebiet und in den Goldbezirken am Viktoriasee. Auch die Pegmatite des Ulugurumassives führen vielfach Bleiglanz in geringen Mengen.

Die kleine Silbererzeugung Deutsch-Ostafrikas rührt hauptsächlich aus dem bei der Goldgewinnung anfallenden Metall her. Das im Gebiet des britischen Mandats gewonnene Rohgold enthält durchschnittlich 10—20% und mehr Silber. Der Silbergehalt des Rohgoldes von Ruanda-Urundi beträgt dagegen nur 3—4%.

2. Zinkerze

Zinkblendevorkommen sind aus dem Ulugurumassiv bekannt. Sämtliche Fundstellen sind nicht abbauwürdig.

3. Kupfererze

Das einzige Kupfererzvorkommen im Gebiet der Kolonie, das vielleicht eine gewisse Förderung dieses Erzes verspricht, befindet sich im Uruwira-Distrikt. Das Hauptmetall der dortigen Erzgänge ist Gold. Daneben treten Blei- und Kupfererze auf, die mitgewonnen werden können. Die erst kürzlich begonnenen Gewinnungsarbeiten lassen zur Zeit ein Urteil über die Verhältnisse noch nicht zu.

Funde von anscheinend unbauwürdigen Kupfervorkommen sind an zahlreichen anderen Orten gemacht worden. In den meisten Fällen fehlt es aber noch an näheren Untersuchungen.

Kupferglanz, Bornit und karbonatische Kupfererze wurden im Kagurugebiet bei Tambi südöstlich Mpapua festgestellt. Die Erze treten in einem Hornblende-Pegmatitgang auf. Das Vorkommen ist von der Nyasaland Minerals Ltd. untersucht worden. Eine ähnliche Lagerstätte fand sich in Tschinholwe, etwa 30 km südöstlich von Tambi. Bei Winza in den Mangalissabergen südwestlich von Kilosa, nahe dem Großen Ruahafluß, kommt ein kleiner Pegmatitgang mit Azurit, Malachit und Bornit vor. Zwischen Winza und Kilosa treten Malachit, Azurit und Kupferglanz in basischen und ultrabasischen Gesteinen auf. Fundpunkte sind: Tschasima bei Ledigombe und Lapusi bei Romuma. In Irangi wurden geringfügige Vorkommen von Malachit festgestellt. Auch im Ulugurumassiv sind unbedeutende Spuren von Kupfererzen in Form von Sulfiden aufgefunden worden.

Diese Gruppe von Kupfererzfundpunkten liegt im östlichen Teil des mittleren Vererzungsgürtels. Im nördlichen Gürtel hat Kuntz Spuren von Kupfererzen im Gebiet zwischen dem Viktoriasee und dem Njarassasee festgestellt.

Die Kupfererzvorkommen des südlichen Gürtels sind in der letzten Zeit häufiger erwähnt worden. Es handelt sich zunächst um die auf der Ostseite des Tanganjikasees gelegenen Fundpunkte in der Landschaft Uwendo zwischen Kigoma und Karema. Die Sandsteine der sogenannten Tanganjika-Formation (Uhaformation) führen auf Klüften Anflüge von Kupfererzen, hauptsächlich in Form von Malachit. Hierher gehört unter anderem das Vorkommen vom „Berg der Perlen“ am Sindifluß (Ugala), dem großen Nebenfluß des Malagarassi. Durchgehend imprägnierte Schichten fehlen. Die Kupfergehalte sind sehr gering und liegen bei etwa 0,07—0,18%.

An den westlichen Ausläufen der Nyamuriberge östlich Udjidji fanden sich lose Blöcke von Quarz mit Malachit, wenig Kupferkies und Schwerspat in den Kalkkieselschichten der Tanganjika-Formation.

Weiter südöstlich von hier liegt das im Grundgebirge auftretende Vorkommen von Uruwira, das bereits eingangs erwähnt wurde.

In einigen Goldquarzgängen des Lupagebietes sind beachtenswerte Mengen von Kupfererzen in Form von Kupferkies, Covellin und Kupferkarbonaten festgestellt worden.

Ein ausgedehnteres Vorkommen von Kupferglanzknollen mit Malachitüberzug in älteren (paläozoischen?) Schiefern liegt bei Kigugwe nördlich des Njassasees. Eine genetische Beziehung zu den Funden in Uwendo erscheint nicht ausgeschlossen. Kupferführend sind auch einige dolomitische Kalksteine, Andesite und Tuffgesteine, die am Aufbau des Buanjiblockes nordöstlich Neu-Langenburg teilnehmen. Das Vorkommen von Kigugwe wurde durch 10 Bohrlöcher mit Tiefen bis zu 70 und 100 m untersucht. Die Ergebnisse der Bohrungen sind nicht veröffentlicht worden.

Etwa 13 km westlich von Kigugwe, bei Salimwani, ist ein weiterer Fundpunkt in Form von Malachitanflügen auf Schiefern bekannt. Kleine Schürfschächte zeigten, daß der Kupfergehalt sich auf die oberen Lagen der Gesteine beschränkt. Teale hält es indes für empfehlenswert, auch hier durch Tiefbohrung weiter aufzuschließen.

Im Hinterlande von Lindi sind geringfügige Kupfererzvorkommen von Lieder und Kuntz erwähnt worden.

4. Kiese

Bei Wilhelmstal in Usambara tritt ein Pyritgang von etwa 60 cm Mächtigkeit in einem amphibolitisch-dioritischen Gestein auf. Er führt daneben noch Magnetkies und Kupferkies.

5. Eisenerze

Eisenerze besitzen in Deutsch-Ostafrika eine große Verbreitung. Sie finden sich im oberen Grundgebirge mit seinen Bändereisensteinen und in den eisenreichen bzw. eisenschüssigen Schichten alter Sedimentärkomplexe sowie als Einlagerungen in Gneisen. Zu den jüngsten Oberflächenbildungen des Quartärs gehören die sogenannten Krusteneisensteine, die Eisenkonglomerate, die Raseneisensteine, die Laterite und Bohnerze.

Die Bändereisensteine sind aus abwechselnden Lagen von Magnetit oder Hämatit und Quarz aufgebaut. Die Mächtigkeit der einzelnen Lagen schwankt zwischen Bruchteilen von Millimetern und einigen Zentimetern. Dabei sind die Lagen scharf voneinander getrennt, so daß das Gestein im Querbruch ein streifiges Aussehen bekommt (sogenanntes Zebraerz). Sein Eisengehalt ist je nach dem

Anteil der Erzlagen schwankend und ist im allgemeinen wohl zu niedrig, um technisch verwertbar zu sein. Stärkere Erzanreicherungen sind bis jetzt durch systematische Prospektion nicht festgestellt worden. In geringem Umfang wurden diese Vorkommen südlich des Viktoriasees von Eingeborenen zur Eisengewinnung herangezogen. Mit Beginn der Einfuhr europäischer Fertigwaren ist diese primitive Verhüttung aufgegeben worden.

Auch die Krusteneisensteine wurden früher zur Eisengewinnung verwandt. Diese Eisenerze sind besonders im Bereiche des Viktoriasees weit verbreitet. Sie finden sich auch in der Mkatta-Ebene zwischen Morogoro und Kilosa, bei Kilimatinde, östlich von Udjidji und zwischen dem Viktoria- und Tanganjikasee. Es handelt sich um durch Kieselsäure und Tonerde stark verunreinigte Eisen- und Manganhydroxyde, die Krusten und Rinden auf allen möglichen Gesteinen bilden, auch als Bindemittel von Brekzien und Konglomeraten oder in Form konkretionärer Gebilde auftreten. Echte Raseneisenerze sind dagegen viel seltener. Als rezente Bildungen wurden Bohnerze in den Sanden mancher Flüsse Deutsch-Ostafrikas beobachtet. Auch Laterite und lateritische Eisenerze sind weniger verbreitet, als zuerst angenommen wurde. Ihr Eisengehalt ist sehr schwankend, kann aber so weit ansteigen, daß sie von den Eingeborenen als Rohstoffe für ihre primitive Eisengewinnung verwendet werden konnten.

Für eine rationelle Verwertung durch Europäer sind alle diese Eisenerzlagerstätten wohl heute noch nicht geeignet. Ihre geringen Metallgehalte sowie die schwierigen Verkehrsverhältnisse des Landes ließen bis jetzt ihre Gewinnung nicht zu. Indessen sind auch hochwertige Eisenerze bisher unverwertet geblieben. Nähere Untersuchungen über ihre Lagerungsverhältnisse, Beschaffenheit und Vorräte fehlen jedoch und müssen noch nachgeholt werden.

Insbesondere trifft dies für die Magnetitvorkommen des Livingstonegebirges (Kingaberge) an der nordöstlichen Seite des Njassasees und dessen Hinterland zu (Tafel X). Die Erze treten als lagerartige Einschaltungen im kristallinen Grundgebirge (Gneis) auf. Der am Ligangaberge (etwa 50 km in der Luftlinie vom Njassasee entfernt) in NS-Richtung streichende, steil einfallende große Magnetitkörper besitzt eine nachgewiesene Längenerstreckung von etwa 7 km und erreicht eine Mächtigkeit von angeblich 10 m. Am Likaraberge, der nur etwa 13 km in der Luftlinie vom Njassasee entfernt ist, kommt ein weiterer Magnetitkörper vor, der eine Mächtigkeit von angeblich 15 m besitzt, bisher allerdings nur über etwa 200 m Länge verfolgt worden ist. Das Erz fällt steil nach SW ein. Die Vorkommen liegen am Kontakt von Hypersthendiorit (Gabbro) und Grundgebirge und werden als Produkte magmatischer Differentiation gedeutet. Kleine Lagerstätten von Magnetit finden sich im Bereiche der metamorphosierten Nachbargesteine, sind aber wirtschaftlich bedeutungslos. Angaben über die qualitative Zusammensetzung der Erze fehlen.

Ein weiteres Vorkommen von Magnetit ist im Bereiche des Ulugurumassives festgestellt worden. Der Fundpunkt liegt bei der Hundussihöhe an der Westseite des Massives, etwa 37 km in der Luftlinie von Morogoro entfernt. Das primäre Vorkommen ist hier nicht erschlossen. Eine größere Lagerstätte darf indessen vermutet werden, da die verstreut liegenden Erzblöcke zum Teil sehr große Abmessungen besitzen. Das Erz ist näher untersucht worden und zeigte folgende chemische Zusammensetzung[1]):

Fe_3O_4	65,52%
TiO_2	1,85%
Al_2O_3	0,16%
CaO	0,17%
MgO	0,69%
Rückstand	30,88%
	99,27%

Etwa 10 km südsüdöstlich der Hundussihöhe am Mbakanabach finden sich lose Blöcke eines sehr titanreichen Eisenerzes über ein größeres Areal verstreut. Das Erz hat die folgende Zusammensetzung[1]):

Fe_2O_3	63,49%
TiO_2	25,31%
Al_2O_3	0,22%
CaO	0,38%
MgO	2,15%
Rückstand	7,43%
	98,98%

Die Gneise in der Umgebung des Mbakanabaches zeigen häufig Ausscheidungen von Eisenerzen mit Granat und Hornblende, die bis zu 30 cm Durchmesser aufweisen. Sie können auch Linsen oder unregelmäßige Adern bilden, die sowohl parallel den Falten des Gebirges als auch quer dazu liegen. Die Rollstücke von Eisenerz dürften aus diesen Anreicherungen stammen.

Ein etwa 50% TiO_2 führender Ilmenit findet sich in Blöcken bei Wilhelmstal im Usambaragebirge.

[1]) Koert, Beiträge zur geologischen Erforschung der deutschen Schutzgebiete. 1913, Heft 1, S. 250.

Aus Ruanda und anderen Distrikten im Gebiet zwischen dem Viktoria- und dem Tanganjikasee sowie von der nördlichen Ostküste des Njassasees sind Magnetitsande bekannt, welche die Eingeborenen zur Verhüttung verwenden.

Hämatit auf einem OW-streichenden, steil nach S fallenden Gang in kristallinen Schiefern findet sich in der Landschaft Upangwa am Njassasee. Mächtigkeit und Ausdehnung des Ganges sind nicht ermittelt worden. Das Erz setzt sich folgendermaßen zusammen[1]):

Fe_2O_3	75,75%
Al_2O_3	0,75%
CaO	0,21%
MgO	0,52%
Rückstand	22,88%
	100,11%

Östlich des Njassasees am Mtambalalabach im Ruhuhugraben kommen innerhalb der kohlenführenden Karruschichten Bänke von Toneisenstein mit 47,95% FeO und 27,04% CO_2 vor. Einige Meilen südlich von hier ist auch etwas Spateisenstein festgestellt worden.

Die einzige Verwendung, die die ostafrikanischen Eisenerze bisher gefunden haben, besteht, wenn man von der primitiven Verhüttung durch Eingeborene absieht, in der Auswertung des Krusteneisensteins für Beschotterungszwecke. Zum Aufschütten von Eisenbahnkörpern ist das Material jedoch nicht geeignet, da es leicht zusammenbackt. Die Heranziehung der hochwertigen Vorkommen zur Eisengewinnung dürfte eine wichtige Aufgabe der Zukunft sein.

6. Manganerze.

Ein Pyrolusitvorkommen (sogenannter Graubraunstein) findet sich in der Landschaft Unata, 25—30 km im WNW von Ikoma. Es handelt sich um einen pyrolusitführenden Quarzgang, der zusammen mit Quarzporphyr in feingeschichteten Schiefern auftritt. Bei einer Mächtigkeit von etwa 25 cm soll er über mehrere Kilometer zu verfolgen sein.

Manganhaltige Laterite sind bei Mukombazi, 35 km östlich der Kungwebucht des Tanganjikasees, angetroffen worden.

Auf dem Eltonplateau nördlich des Njassasees kommen an der Quelle des Schimalaflusses ziemlich geringwertige Manganerze vor. Drei untersuchte Proben ergaben Mangangehalte von 39,0%, 44,8% und 32,7% Mn. Das Vorkommen liegt abseits von den Verkehrswegen.

[1]) Koert, Beiträge zur geologischen Erforschung der deutschen Schutzgebiete. 1913, Heft 1, S. 252.

22 km nordöstlich von Alt-Langenburg am Nordende des Njassasees sind bei Tandala und östlich der Straße Tandala—Milow an 14 Stellen Manganerze festgestellt worden. Es sind Gänge von Psilomelan, die in Bruchzonen von Serizitschiefern und Phylliten auftreten. Die wichtigsten Fundpunkte liegen nahe der Missionsstation Tandala, ferner am Sagalamaweberg, am Nyamahaweberg der Lipande-Bergkette und bei Monhoto am Ilolofluß. Das Mineral enthält laut Analyse 42,3% Mn. Größere Erzkörper sind bisher nicht nachgewiesen worden. Jedoch könnte das Vorkommen vielleicht in Zukunft in Anbetracht seiner Nachbarschaft zu den Magnetitlagerstätten des Livingstonegebirges eine wirtschaftliche Bedeutung erlangen.

Im Südosten der Kolonie kommen geringwertige Manganerze in den Notobergen nordwestlich von Lindi vor. Von hier ist auch das Auftreten eines manganreichen Granats mit 16% MnO_2 bekannt geworden, der unter Umständen als Anzeichen für oxydische Manganlagerstätten gelten kann.

7. Chromerze

In der Nähe des Dorfes Sangu am Zusammenfluß des Ifume mit dem Ikamba unweit Karema am Tanganjikasee liegt ein linsenförmiger Serpentinkörper im Biotitgneis und Metadolerit. Als Produkt der Auswitterung wurde nahe dem Liegenden der Serpentinlinse Chromit in kleinen Blöcken bis zu 25 cm Größe gefunden. Im Talkschiefer, der am Gehänge auftritt, ist ebenfalls Chromit festgestellt worden. Das beste Material enthält bis zu 43,2% Cr_2O_3. Das primäre Vorkommen ist noch nicht entdeckt worden.

Östlich von Mahenge, am Mbereraberg und in den Mlongolabergen, fanden sich Chromspinelle in Noriten und Pyroxeniten. Die Gegend erscheint für eine Prospektion auf Chromit als günstig.

Die ultrabasischen Gesteine des östlichen Lupa-Goldfeldes führen am Nsamjaberge Übergangsgesteine vom Anorthosit über Olivingabbro zum Peridotit (Wehrlit). Chromhaltige Eisenerze wurden darin festgestellt. Auch treten gelegentlich grüne Spinelle auf.

Nachrichten über Chromitvorkommen im Lindi-Distrikt sind bis jetzt ohne Bestätigung geblieben.

8. Nickelerze

In der Nähe der Kungwebucht des Tanganjikasees wurden 10 km südlich des Mukondosiflusses kleine Vorkommen von nickelhaltigem Magnetkies festgestellt. Auf einem Gebiet von etwa 25 qkm Fläche treten hier extrem basische Gesteine auf, so z. B. serpentinisierte

Pikrite mit Magnetkies, Magnetit oder Ilmenit, ferner gabbroidische und pyroxenitische Varietäten. Der Magnetkies führt etwa 0,5% Ni. Nähere Untersuchungen dieses Vorkommens stehen noch aus.

Ein Stück Magnetkies mit 0,53% Ni-Gehalt soll in der Nähe der Station Kimamba östlich von Kilosa an der Zentralbahn gefunden worden sein.

Bei Jumbe Hobi's Dorf in Mwahansa, etwa 27 km östlich des Meilensteins 55 auf der Straße von Dodoma nach Kondoa, kommt derber Magnetit vor, der 8% Ni führt. Das Material stammt aus Lockermassen und ist anstehend noch nicht festgestellt worden. Nur einige dünne abgesetzte Gänge zeigen unregelmäßige Ni-Gehalte bis zu einigen Prozenten. Sie sind stark gestört und nur mit Mühe im Gelände zu verfolgen. Oxydierte Rollstücke mit bis zu 20% Ni wurden gefunden. Im Oberflächenmaterial ist Garnierit in Form von dünnen Trümern im Gestein festgestellt worden. Die Analyse des Magnetits ergab[1]):

Fe	62,28%
Ni	8,14%
Mg	1,72%
O	28,20%
	100,34%

Nach Teale muß die Mineralformel ungefähr folgendermaßen lauten:

$$6Fe_2O_3 \cdot 3FeO \cdot 2NiO \cdot MgO\,.$$

Das Material erscheint danach dem im Barberton-Distrikt in Transvaal gefundenen Trevorit ähnlich.

Nach einer Untersuchung von seiten der Falconbridge Nickel Co. wurde das Vorkommen als nicht abbauwürdig befunden.

Geringe Mengen nicht näher bezeichneter Nickelerze sollen in den Sanden einiger Flußläufe im nördlichen Teil des Ulugurumassives vorkommen.

9. Wismuterze

Im Ulugurumassiv finden sich unbedeutende Vorkommen von Wismutglanz. Die im Jahre 1937 in Uruwira (s. d.) gewonnenen 43 t Bleiglanzkonzentrate enthielten 21,8 kg Wismut.

10. Molybdänerze

Am Luika im Lupagebiet kommt stellenweise etwas Molybdänglanz auf den Golderzgängen vor. Das Erz könnte vielleicht neben der

[1]) Tang. Terr., Geol. Survey, Annual Report 1931.

Goldgewinnung mit ausgewertet werden. Die geringen Mengen von Molybdänglanz im Ulugurumassiv und in den Usagarabergen sind ohne wirtschaftliche Bedeutung.

11. Uranerze

In den glimmerführenden Pegmatitgängen des Ulugurumassives sind 1904 Uranmineralien, hauptsächlich Uranpecherz, entdeckt worden. Die Fundstelle liegt am Westabhang des Lukvangule im Mbakanatal. Einzelne Kristalle sollen nach Literaturangaben ein Gewicht bis zu 30 kg erreicht haben! Das oktaedrisch ausgebildete Mineral weist einen Gehalt von 87,9% UO_2 auf und ist hochradioaktiv. Neben dem Uranpecherz treten auf der Lagerstätte noch Rutherfordin $(UO_2)CO_3$ als gelbe Überzüge auf den Uranpecherzkristallen, ferner Samarskit (Niob-Tantalat mit Y und Er) und Plumboniobit (Niobat mit 7,5% Pb und 14% Y) auf.

Auch in den Glimmergruben von Wilhelmstal in Westusambara ist Uranpecherz gefunden worden.

Bis 1912 führte Deutsch-Ostafrika etwa 400 kg Uranpecherz neben geringen Mengen von Plumboniobit aus. Nach Erschöpfung der besten Vorkommen ist die Gewinnung zum Stillstand gekommen.

II. Die Lagerstätten der Nichterze

1. Edel- und Halbedelsteine

a) Diamant (vgl. Tafel VIII)

Die Diamantvorkommen Deutsch-Ostafrikas bilden den südöstlichen Ausläufer einer großen Diamantenzone, die sich ungefähr von Kamerun über Französisch-Äquatorialafrika und den nördlichen Kongo nach Osten erstreckt.

Es sind zu unterscheiden: Primäre Lagerstätten, gebunden an Kimberlitschlote, und sekundäre Lagerstätten in Form von diamantführenden Schottern und Sanden (Seifen). Letztere treten stets in der Nachbarschaft von Kimberlitschloten oder -gängen auf, so daß über ihren Ursprung kaum Zweifel bestehen können. Die Kimberlite Ostafrikas sind fast stets frei von Diamanten oder doch sehr arm daran. Bisher hat sich nur in einem Falle der Kimberlit als so reich erwiesen, daß sich ein Abbau gelohnt hat (der Sultan-Schlot bei Schinjanga). Diese geringe Diamantführung im Muttergestein ist indessen nichts Ungewöhnliches. Nach den Erfahrungen aus dem südafrikanischen Diamantengebiet führen dort nur etwa 7% aller Kimberlitvorkommen abbauwürdige Mengen des Edelsteins. Ähnlich mögen die Verhältnisse in Deutsch-Ostafrika liegen.

Was die Verteilung der Kimberlitvorkommen anbetrifft, so liegen diese in einer Nordwest-Südost streichenden Zone, die sich von Muansa am Viktoriasee bis südwestlich von Singida erstreckt.

Nach den bisherigen Feststellungen kommen die Schlote im Norden nur vereinzelt vor, während sie nach Süden zu an Zahl bedeutend zunehmen. Ein besonders dicht von Kimberlitschloten durchsetztes Gebiet liegt in der Umgebung des Kisumbiberges südlich von Schinjanga. Die Zone endigt mit der Gruppe von Kimberlitschloten und -lagergängen des Iramba-Plateaus, wo bisher 11 Vorkommen festgestellt wurden. Insgesamt sind bis jetzt über 30 Schlote nachgewiesen worden. Nach den vorliegenden Erfahrungen muß es als wahrscheinlich gelten, daß eine weitere Fortsetzung der Kimberlitzone gefunden werden kann. Der Wert der Vorkommen ist mit Rücksicht auf den südafrikanischen Diamantenbergbau vielfach mit Absicht als gering hingestellt worden, wodurch das Prospektieren stark gehemmt wurde.

Das Nebengestein der Kimberlitschlote wird entweder von den Gesteinen des oberen Grundgebirges oder vom Zentralgranit gebildet. Vom geologischen Standpunkt interessant ist das noch ungelöste Problem des paarweisen Auftretens der Schlote, die dann vielfach durch eine nur dünne Scheidewand voneinander getrennt sind. Der Umriß der Schlote ist meist elliptisch und die am häufigsten beobachteten Durchmesser betragen etwa 100 bzw. 200 m. Aber auch Durchmesser von 400 und 500 m bilden keine Seltenheit, während ein besonders großer Schlot bei Songeli im Süden des Irambaplateaus sogar 1300 bzw. 600 m im Durchmesser hat.

Im Norden des Irambaplateaus besitzen die Kimberlitvorkommen eine lagergangförmige Gestalt. Sie fallen teilweise steil ein und sind plattenförmig dem granitischen Nebengestein zwischengeschaltet. In einem Falle treten mehrere Lagen Kimberlit mit dazwischenliegendem Granit auf, wobei die Mächtigkeit einzelner Kimberlitlagen 3 m erreicht. Die plattenförmigen Kimberlitvorkommen sind durchweg als unbauwürdig erkannt worden. Die Ursache hierfür liegt darin, daß das Gestein der Verwitterung einen hohen Widerstand entgegensetzt. Die Bildung von Blau- bzw. Gelbgrund kommt daher nicht zustande. Damit entfällt die wichtigste Vorbedingung für eine Diamantgewinnung aus dem Muttergestein und für die natürliche Bildung von Seifen.

Die schlotförmig auftretenden Kimberlite haben dagegen an vielen Stellen diamantführende Seifen gebildet. Meist liegen die Verwitterungsprodukte unmittelbar über dem Ausgehenden des Schlotes

Tafel VIII

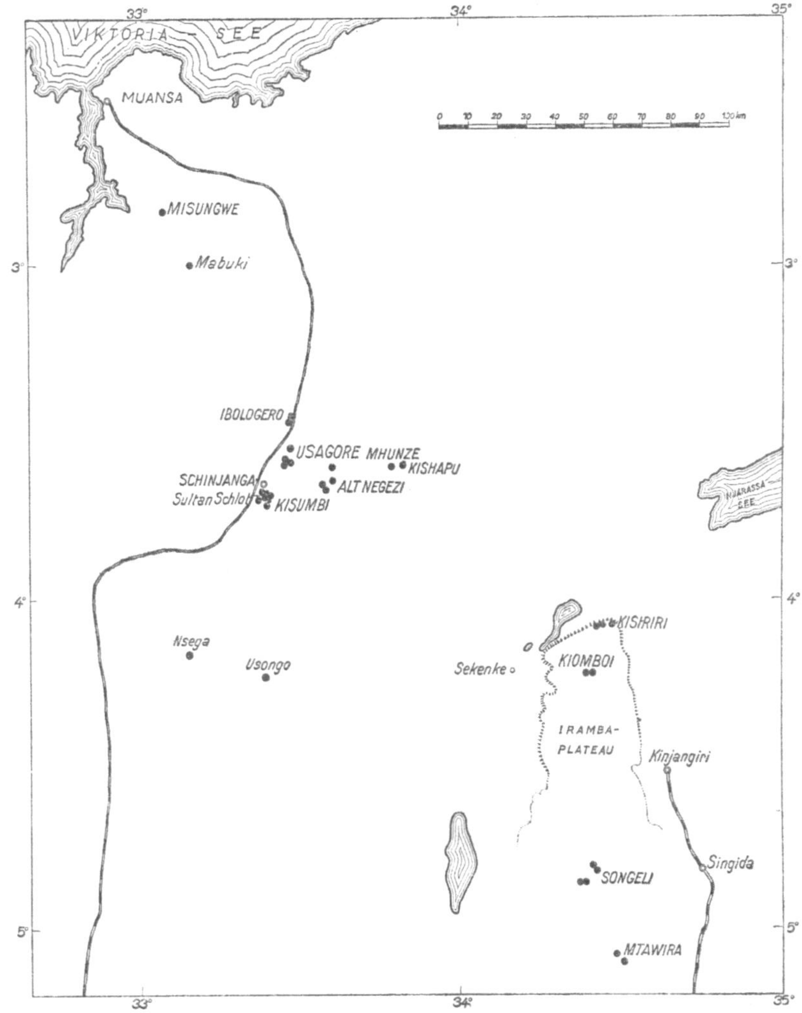

Kimberlitvorkommen Deutsch-Ostafrikas

Verlag Walter de Gruyter & Co., Berlin W 35
Deko VI. Zu Schumacher und Thamm, Minerallagerstätten von Deutsch-Ostafrika

oder in seiner nächsten Umgebung. Es handelt sich also um eluviale Seifen. In Anbetracht dessen, daß die diamantreichen Schotter und Sande vielfach in Niederungen zusammengeschwemmt worden sind, wird dieser Seifentypus auch als „kolluvial" bezeichnet.

Die wichtigsten Plätze der Diamantgewinnung liegen bei Schinjanga, in dessen Umgebung zahlreiche Schlote bekannt geworden sind, sowie bei Mabuki südsüdöstlich Muansa. Weniger bedeutend sind bisher die Vorkommen von Misungwe, auf dem Irambaplateau und bei Nsega und Usongo geblieben.

Mabuki Mine

Das Vorkommen von Mabuki, der wichtigsten Diamantlagerstätte von Deutsch-Ostafrika, wurde schon 1910 entdeckt; jedoch begann

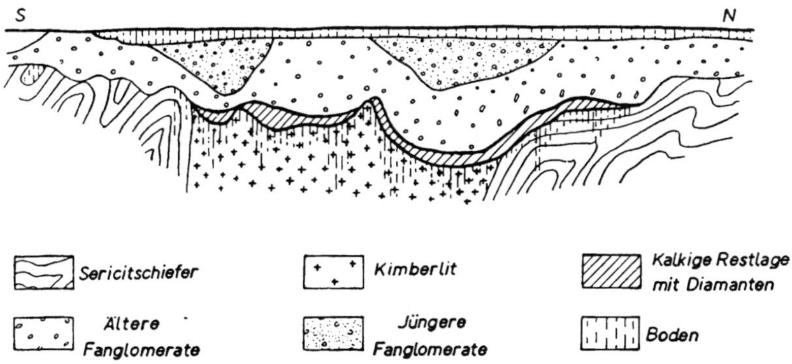

Abb. 10. **Eluviale Diamantanreicherung im Ausgehenden des Kimberlitschlotes der Mabuki Mine.** Nach W. Beetz

die Gewinnung erst 1925. Der Kimberlitschlot von Mabuki liegt etwa 35 Meilen (56 km) südsüdöstlich von Muansa. Er durchsetzt serizitische Schiefer. Der Gehalt an Diamanten in diesem basaltischen Kimberlit ist sehr niedrig. Das Gestein führt nicht über 0,6 Karat Steine auf 100 loads [72,5 t[1])]. Reich ist hingegen das auf dem Ausstrich des Schlotes liegende eluviale Seifenvorkommen. Die Entstehung dieser Seife ist nach Beetz[2]) ins Pliozän zu verlegen (Abb. 10). In stetem Wechsel von Trocken- und Regenzeit verwitterte der Kimberlit rascher als das ihn umgebende Gestein, so daß sich eine Senke über dem Schlot bilden konnte. Die Diamanten reicherten sich in einer kalkigen Restlage an, die sich am Boden der Senke ablagerte. In der nun folgenden, durch ein Trockenklima ausgezeichneten Pleistozänzeit

[1]) 1 load = 16 engl. Kubikfuß entspricht ungefähr 1600 lbs = 725 kg.

[2]) W. Beetz, Congrès International des Mines etc. Liège 1930, S. 62.

füllte sich die Senke mit Fanglomeraten, d. h. mit groben eckigen Gesteinsfragmenten, die in einer tonig-sandigen Masse eingebettet sind. Die Diamanten finden sich sowohl in der kalkigen Lage als auch in den Fanglomeraten. Daneben treten Granat, Diopsid, Ilmenit und Klinoenstatit auf.

Im Jahre 1930 wurden auf der Mabuki Mine täglich etwa 600 loads (435 t) Schotter durchgearbeitet und daraus 70 Karat Steine gewonnen (monatlich etwa 2000 Karat). Im Durchschnitt enthielt also 1 t 0,16 Karat. In den folgenden Jahren ging die Erzeugung sehr stark zurück, so daß im ganzen Jahre 1936 hier nur noch 2700 Karat aus der Neuverarbeitung der Halden produziert wurden. Jetzt ist der Betrieb auf dieser Mine eingestellt worden, da die Lagerstätte erschöpft ist.

Insgesamt hat die Mabuki Mine aus ihren eluvialen Anreicherungen etwa 75000 Karat Diamanten geliefert. Die Diamanten von Mabuki zeichnen sich durch eine sehr gute Qualität aus. Steine von über 10 Karat sind nicht selten. Die beiden größten hier gefundenen Steine wogen $92^1/_2$ bzw. 52 Karat.

Misungwe

Das Kimberlitvorkommen von Misungwe liegt nordwestlich von Mabuki gegen Muansa zu. Die durchgeführten Untersuchungen brachten sehr enttäuschende Ergebnisse. Der Schlot und der über ihm liegende Schutt lieferten nur 2 Steine von $1—1^1/_2$ Karat Gewicht.

Schinjanga-Distrikt

Die Diamantgewinnung ist hier mit wenigen Ausnahmen auf Schotter- und Kieslager beschränkt. Die wichtigsten Vorkommen sind diejenigen von Kisumbi dicht südlich Schinjanga. Als einziges bauwürdiges Primärvorkommen von Kimberlit tritt hier der Sultan-Schlot auf. Der ovale Umriß des Schlotes besitzt Durchmesser von 700 bzw. 450 Fuß (212 bzw. 136 m). Schon in 20 Fuß (etwa 6 m) Tiefe ist das Gestein hart und unverwittert. Der glimmerführende Kimberlit enthält Einschlüsse von Granit und Dolerit. Die gewonnenen Konzentrate führen Ilmenit, Granat, Chromdiopsid, Enstatit, Zirkon und Glimmer. Im Jahre 1928/29 wurden aus diesem Schlot 5369 Karat Diamanten erzeugt.

Der Kisumbi-Schlot, der etwa 150 m nördlich vom Sultan-Schlot liegt, besitzt kleinere Abmessungen (120 bzw. 50 m). Aus diesem Schlot und zum Teil auch aus dessen Detritus konnten im Jahre 1930 nur 10 Karat Diamanten gewonnen werden. Der Schlot „Baobab" liegt etwa 1 km südwestlich von hier. Er besitzt einen Durchmesser von etwa 200 m. Die Diamantgewinnung beschränkte sich hier fast ganz auf die Verarbeitung der eluvialen Lagerstätte. Der Schlot selbst lieferte nur einen einzigen Stein von 4,25 Karat.

Die übrigen Schlote des Kisumbi-Gebietes führen entweder gar keine Diamanten oder solche in sehr kleinen Individuen und in geringen Mengen.

Die Detritus-Lagerstätten bei Kisumbi umfassen Ablagerungen, die zum Teil dem Alttertiär angehören, teilweise jedoch rezent sind. Die älteren Bildungen führen Diamanten in abbauwürdiger Menge. Der sowohl aus gut abgerollten als auch aus eckigen Gesteinsfragmenten aufgebaute Schutt wird von weißem oder grauem Ton zementiert. Gelegentlich ist das Bindemittel auch kalkig oder verkieselt. Diese als „Cement" bezeichneten Ablagerungen sind meist in Talniederungen angesammelt und werden als „kolluvial" gedeutet. Westlich von Kisumbi Hill wurden aus diesen Schichten die meisten Diamanten gewonnen, und zwar besonders aus einer taschenförmigen Kiesablagerung von großer Mächtigkeit in der Nähe der Sultan Mine. Dieses Vorkommen war unter dem Namen „Boshoffs Claims" bekannt. Das durch einen Schacht erschlossene Gestein im Untergrund des alluvialen Materiales erwies sich als Schiefer. Diese Kiestasche ist mehrere Jahre hindurch abgebaut worden und hat eine ganze Anzahl guter Steine geliefert.

Im „Cement" kommen eigenartige röhrenförmige Gebilde vor, die als Kimberlitschlote gedeutet werden könnten. Die Frage ist indes keineswegs geklärt; ja es erscheint nicht ausgeschlossen, daß es sich hier um Artefakte (verschüttete Brunnen?) handelt.

Reichlich mit Kimberlit-Detritus versetzter „Cement" wird lokal als „Silcrete" bezeichnet. Charakteristisch ist die starke Verkieselung, die das Gestein quarzitähnlich erscheinen läßt. Eckige und wenig abgerollte Fragmente von Flint, Jaspis usw. beteiligen sich am Aufbau der jüngeren Oberflächenbildungen. Als jüngste Bildungen sind Lateriterde und -grus anzusehen. Diese bis zu 3 m mächtigen Lager sind wohl ebenfalls kolluvialer Entstehung. Neben Quarz, Jaspis, Chalzedon und Flint kommen hier Granat und Ilmenit vor. Beim Sichern finden sich Zirkon und Diamant.

Als Beispiel für die Gehalte der diamantführenden Schotter sei angeführt, daß im Block A der Central Diamond Mines aus 14469 loads (10490 t) insgesamt 1608 Karat Diamanten gewonnen wurden. Der Gehalt betrug demnach 11,1 Karat je 100 loads (72,5 t). Der Durchschnittspreis dieser Steine belief sich auf 129 M. je Karat, war also hoch. Dabei fanden sich 27 Steine von 10 und mehr Karat und einer von 39 Karat.

Iramba-Plateau

Die Vorkommen von Kimberlit auf dem Iramba-Plateau erwiesen sich alle als nicht abbauwürdig. Bei Songeli sollen einige Diamanten gefunden worden sein, doch ist der Fund nicht verbürgt.

Nsega und Usongo

Die diamantführenden Sande von Nsega lieferten im Jahre 1935 eine Anzahl kleiner, aber zum Teil sehr schöner Steine im Gesamtgewicht von 1049 Karat. In der Umgebung des Kimberlitschlotes von Usongo ist im Gegensatz zu Nsega eine Diamantseife nicht festzustellen gewesen.

Die Gewinnung von Diamanten begann in Deutsch-Ostafrika im Jahre 1925 mit 434 Karat. Schon 1928 erreichte die Jahresausbeute 24680 Karat, ein Maximum, das später nie wieder erzielt wurde. Anfang der 30er Jahre sank sie plötzlich sehr stark ab, um dann seit 1935 wieder ganz langsam anzusteigen. Jedoch sind die Produktionsziffern der letzten Jahre im Vergleich zu früher gering geblieben.

Seit Beginn der Diamantenförderung wurden in Deutsch-Ostafrika folgende Mengen gewonnen:

1925:	434	Karat	im	Werte	von	£
1926:	6700	,,	,,	,,	,,	37480 £
1927:	10000	,,	,,	,,	,,	101480 £
1928:	24680	,,	,,	,,	,,	99838 £
1929:	23300	,,	,,	,,	,,	88030 £
1930:	13107	,,	,,	,,	,,	27111 £
1931:	7790	,,	,,	,,	,,	9865 £
1932:	1387	,,	,,	,,	,,	1859 £
1933:	1373	,,	,,	,,	,,	2400 £
1934:	1154	,,	,,	,,	,,	5900 £
1935:	1450	,,	,,	,,	,,	2972 £
1936:	2704	,,	,,	,,	,,	6252 £
1937:	3230	,,	,,	,,	,,	5071 £
1938:	3500	,,	,,	,,	,,	£
	100899	Karat				388258 £

Der Gesamtwert der gewonnenen Steine dürfte einschließlich der Jahre 1925 und 1938, über die keine Wertzahlen vorliegen, nahezu 400000 £ erreichen.

b) Sonstige Schmuck- und Halbedelsteine

Granat

Im Hinterlande von Lindi kommen bedeutende Lagerstätten von Granat vor. Das Vorkommen von Luisenfelde südwestlich von Lindi und nördlich des Rowumaflusses entwickelte sich besonders in den Jahren 1900 und 1901 zu einem größeren Erzeuger dieser Schmucksteine, die unter den Namen „Faschodagranaten“ bzw. „Kaprubine“ guten Absatz fanden. In diesen beiden Jahren wurden zusammen über 14000 kg schleifwürdige Granaten gewonnen. Mineralogisch handelt es sich nach Eppler[1]) um einen Pyrop, der einen gewissen Anteil des Almandinmoleküls enthält. Das spezifische Gewicht beträgt 3,875. Einzelne Kristalle erreichen eine Größe von etwa 10 cm. Sie treten in einem zersetzten Hornblendegneis des Grundgebirges auf und wurden durch Auslesen aus dem Verwitterungsschutt gewonnen. Dieser Schutt ergab besonders gutes Material, während die Granaten im unverwitterten Gneis zum Splittern und Auseinanderbrechen neigen.

Nördlich von Luisenfelde, 6 km westlich von Mwiti, liegt ein zweites Vorkommen ähnlicher Art. Die Bildung der Granaten ist hier vielleicht auf den Einfluß eines Pegmatitganges zurückzuführen, der den steilgestellten Gneis durchsetzt. Die nesterweise auftretenden Steine zerfallen, nachdem sie aus dem Gneis herausgelöst worden sind, leicht zu feinen Splittern.

Eine dritte Fundstelle liegt bei Nbunyu, 1,5 Meilen (2,4 km) südwestlich von Nambiranje am Mittellauf des Mbemkuruflusses, der zwischen Kilwa und Lindi in den Ozean mündet.

Im Bereiche der Mittellandbahn sind weitere Vorkommen von Granat bekannt geworden. So finden sich kleine Steine etwa 5,5 km östlich von Mpapua, ferner in der Nähe des Dorfes Kidete und in etwas größerer Menge bei Idiro am Makufeberg. Ebenso wie diese Vorkommen haben sich auch die Funde in den Parebergen als unverwertbar erwiesen.

Die Erzeugung Deutsch-Ostafrikas an Granaten stammt fast ganz von Luisenfelde. Sie hat wiederholt Unterbrechungen erfahren und ruht seit längerer Zeit ganz, da die Schmucksteinindustrie den Granat wenig bevorzugt.

In den Jahren des Betriebes sind folgende Mengen schleifwürdigen Materiales gewonnen worden:

---

[1]) O. Stutzer und W. Fr. Eppler, Die Lagerstätten der Edelsteine und Schmucksteine. Berlin 1935. S. 406.

1900	4642,5 kg	im Werte von	41302.— Rupien
1901	9390,0 „	„ „ „	48787.— „
1902	178,0 „		
1907	111 „	„ „ „	8281.— Shilling
1908	131 „	„ „ „	12040.— „
1909	188 „	„ „ „	13711.— „
1910	80 „	„ „ „	6445.— „
1911	154 „	„ „ „	11811.— M.
1927	49,0 „	„ „ „	1025.— engl. £
1928	39,5 „	„ „ „	593.— „ £
Zusammen:	14963,0 kg		

Diese rund 15 t Granaten stellen einen Wert von über 200000 M. dar. Ein Kilogramm der gelieferten Rohware besitzt also einen Durchschnittswert von 13—14 M. Für die Zukunft könnte daran gedacht werden, den Granat auch für die Schleifmittelindustrie auszuwerten.

Euklas ($HBeAlSiO_5$)

Ein großes Exemplar von einem Euklaskristall wurde 8 km südlich von Mikese gefunden. Seine Abmessungen betragen 35 × 20 mm.

Phenakit (Be_2SiO_4)

In den Kisitwibergen östlich Mpapua tritt Phenakit von guter Qualität auf. Er kann als Schmuckstein verwendet werden.

Bergkristall

Aus der Gegend von Mpapua sind fehlerlose klare Bergkristalle bekannt geworden.

Achat

Kleine Stücke finden sich im Kigoma-Distrikt, ausgewittert aus der dortigen Mandelsteinlava. Die Vorkommen sind bedeutungslos.

Verkieseltes Holz

Verkieseltes Holz kommt in den Schichten der Karruformation im Mahenge- und Liwale-Distrikt sowie in den Makondeschichten im Newala-Distrikt vor. Es wurden sehr schöne Stücke gefunden.

Mondstein

Farblose Orthoklase mit schöner milchig-bläulicher Mondsteinopaleszenz sind im Kondoa Irangi-Distrikt angetroffen worden.

2. Graphit

Der Graphit ist in den Gneisen und Marmoren des Grundgebirges ein sehr verbreitetes Mineral. Teale gibt eine Zone der graphitführenden Gneise, Schiefer und Marmore an, die sich durch die Distrikte Handeni, Morogoro und Mahenge sowie Newala und Lindi hindurchzieht und rund 800 km lang ist. Baumann und Graf Götzen stellten in Ruanda und in Urundi Graphitvorkommen fest.

Im Hinterland von Lindi, hauptsächlich in der Gegend von Nagaga westlich Newala, sind graphitführende Schiefer bekannt geworden, deren Gehalt an Graphit etwa 6—10% ausmacht. Es handelt sich hier um einen auf Biotitgneis liegenden Graphitschiefer von etwa 6 m Mächtigkeit, der von Marmor und Quarzit überlagert wird. Seine sedimentäre Natur ist wahrscheinlich.

Die graphitführenden Gneise des Ulugurumassives enthalten im allgemeinen nur etwa 3% Graphit und sind daher nicht abbauwürdig.

Ähnlich dürften die Verhältnisse im Mahenge-Distrikt am Fuße der Mbereraberge östlich Mahenge sowie bei Handeni liegen.

Die Graphite des Newala-Distriktes scheinen noch am meisten Aufmerksamkeit zu verdienen.

1928 führte das Mandatsgebiet Tanganjika einmalig eine Ladung Graphit mit einem Wert von 57 £ aus. Die Eingeborenen verwenden den aufgesammelten Graphit zum Schwärzen und Polieren ihrer Töpfereien.

3. Glimmer

Die zahllosen im Gefolge der Graniteinschübe in das ostafrikanische Grundgebirge entstandenen Pegmatitgänge bilden häufig Glimmerlagerstätten, von denen allerdings bisher nur ein geringer Teil wirtschaftlich nutzbar gemacht werden konnte. Abgesehen von denjenigen Fundpunkten, an denen die einzelnen Glimmerkristalle ihrer geringen Größe wegen nicht abbauwürdig sind, wird der Wert der Vorkommen häufig dadurch beeinträchtigt, daß die Glimmerplatten durch nachträgliche tektonische Einwirkungen geknickt oder verbogen wurden. Eine bedeutende Erschwerung für die Entwicklung des Glimmerbergbaues bilden ferner die schwierigen Verkehrsverhältnisse. Daher konnten bisher nur die besten und am günstigsten gelegenen Glimmervorkommen abgebaut werden. Die Unternehmungslust der Prospektoren wurde hierdurch stark gehemmt und so sind denn nur wenig neue Funde nach dem Weltkriege bekannt geworden.

Die dem nördlichen Vererzungsgürtel zuzurechnenden Vorkommen in den Parebergen südöstlich des Kilimandscharo sind seit längerer Zeit bekannt. Abbauwürdig sind sie jedoch nicht. Weiter südöstlich, bei Wilhelmstal in Westusambara, tritt Glimmer in der Nähe von Mombo in NS-streichenden Pegmatitgängen auf, die in einem kugelig absondernden Granit aufsetzen. Nördlich Wilhelmstal liegt das einzige, noch im Betrieb befindliche Glimmervorkommen von Mangoda. Nordöstlich von Wilhelmstal wurde Glimmer zeitweise auf der Grube Roland und halbwegs nach der Bahnstation Mombo in Neuhöffinghoff gewonnen. 1923 wurden hier über 10 t gefördert. Die Platten erreichten Abmessungen bis zu 65×65 und 52×119 cm.

In den Distrikten von Bagamojo und Handeni wurde erfolglos auf Glimmer prospektiert. Bei Kvekivu im Handeni-Distrikt konnte dabei ein kleines Vorkommen von Phlogopit und Vermiculit festgestellt werden.

Die wichtigsten Glimmerlagerstätten Deutsch-Ostafrikas gehören dem mittleren Vererzungsgürtel an. Ein Vorkommen von Lepidolith ist aus Hombolo, etwa 20 Meilen (32 km) nordöstlich von Dodoma bekannt geworden. Noch wenig untersucht sind die Fundpunkte von Mamboja nördlich der Eisenbahnstation Kilosa an den Bergen Kisetui und Kisitve. Kleine Glimmerplatten liegen in Mkondami in den Ngurubergen nordwestlich von Morogoro vor. Nordöstlich von Morogoro, in den Pongwebergen, kommt am Suvibach, einem südlichen Zufluß des Wami, ein minderwertiger Glimmer vor, dessen bis zu 0,5 m große Platten stark verwittert, geknickt und gespaltet sind. Bei Mikese findet sich etwas „Ruby"-Glimmer.

Südlich von Morogoro liegt das Gebiet der großen Glimmerlagerstätten (Tafel IX). Hier erhebt sich das Ulugurumassiv, ein von einzelnen Grabenbrüchen zerhackter Horst, dessen Hochfläche langsam von Ost nach West ansteigt, um dann längs einer nach NO gerichteten Linie steil abzubrechen. Die nordöstlich verlaufenden Grabenbrüche sind besonders im Süden deutlich ausgeprägt. Sie bilden hier die Täler des Mgeta- und des Mbakanaflusses. Östlich des Mbakana erhebt sich der höchste Einzelhorst des Gebirges, der Lukvangule, bis zu einer Höhe von etwa 2670 m.

Geologisch baut sich das Bergmassiv aus Biotitgneisen auf, welche gelegentlich Abwandlungen nach einem Quarz-Feldspat-Hornblende-Biotitgneis erfahren. Diese basischeren Abarten erscheinen als dunkle Flecken im hellrosa gefärbten Grundgestein. Beim Verwittern verwandelt sich der Gneis in ein weiches, leicht zerreibliches Gestein, das äußerlich einem Sandstein ähnlich sieht. In ostwestlicher Richtung

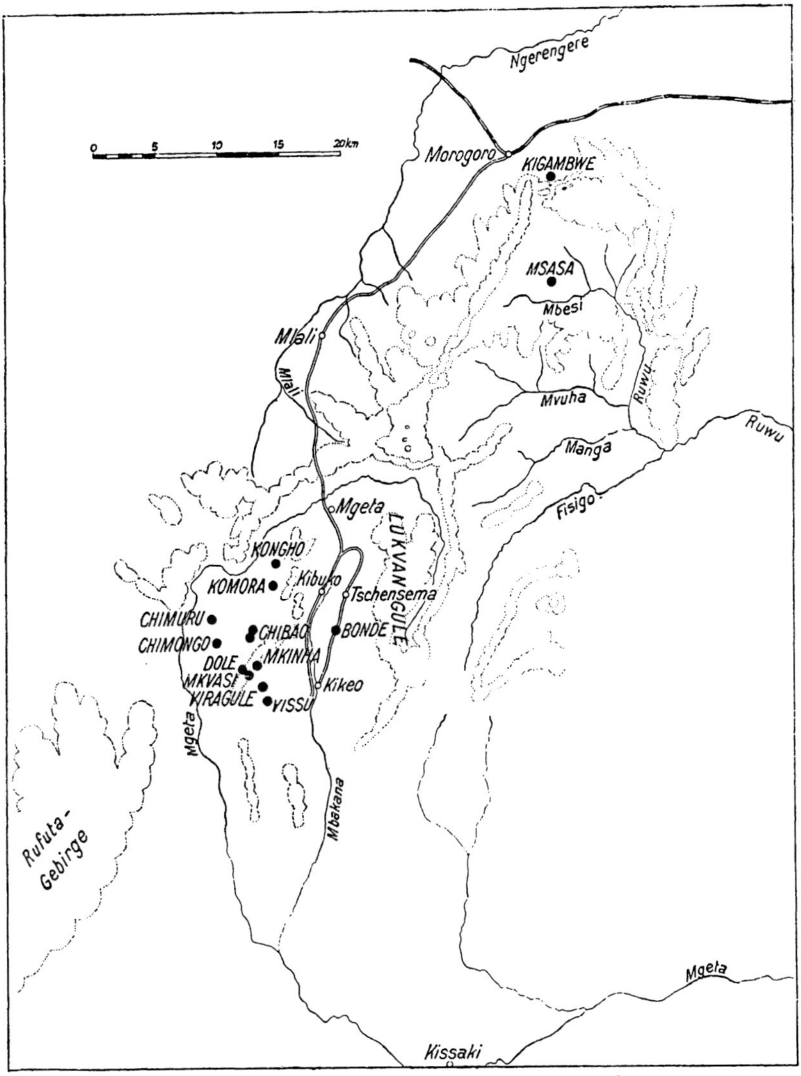

Glimmervorkommen im Uluguru-Massiv

Verlag Walter de Gruyter & Co., Berlin W 35
Deko VI. Zu Schumacher und Thamm, Minerallagerstätten von Deutsch-Ostafrika

Abb. 11. **Waffelartige Oberfläche des glimmerführenden Gebietes im Ulugurumassiv**

Photo Dr. O. Nottmeyer

Verlag Walter de Gruyter & Co., Berlin W 35
Deko VI. Zu Schumacher und Thamm, Minerallagerstätten von Deutsch-Ostafrika

durchsetzen zahlreiche basische Gesteingänge den Gneis. Als jüngere Intrusionen treten Pegmatite auf, dessen Gänge vorwiegend N—S gerichtet sind. Dank ihrer größeren Widerstandskraft gegen die Verwitterung bilden beide Gangsysteme gut herausmodellierte Rücken, so daß das Gelände stellenweise eine waffelartige Oberfläche aufweist (Abb. 11).

Die im allgemeinen nach NNO streichenden Gneise werden, besonders im südlichen Teil des Gebirges, von massenhaften Pegmatitgängen durchsetzt. Im Gebiet zwischen dem Lukvangule-Plateau und dem Mgetatal treten an manchen, quer zum Streichen der Pegmatite gelegten Profilen Hunderte von NNW-streichenden glimmerführenden Gängen auf. Die Abb. 12 zeigt einen kleinen Ausschnitt des Geländes im Bereiche der Gruben Mkinha und Viragule. Die Gänge besitzen Mächtigkeiten zwischen 0,5 und 20 m. Nach jüngsten Untersuchungen ist eine gleichbleibende Mächtigkeit die Regel. Das Einfallen ist vorwiegend steil nach W gerichtet. Östliches Einfallen ist seltener und meist mit einem von der NS-Richtung abweichenden Streichen des Ganges verknüpft. Abzweigungen und Verästelungen sind selten. Stellenweise sind die Gänge durch Querverwerfungen um geringe Beträge versetzt. Ganglängen bis nahezu 1 km sind beobachtet worden.

Den Inhalt der Gänge bildet vorwiegend ein Granit-Pegmatit (Abb. 13 und 14), der häufig eine schriftgranitische Verwachsung aufweist. Neben Glimmerpegmatiten kommen auch Granat- und Turmalinpegmatite vor. Westlich des Mgeta sind sulfidische Pegmatite angetroffen worden. Auch mit dem Auffinden von Niob-, Tantal- und Korundpegmatiten muß gerechnet werden. Die meisten Pegmatite weisen einen hohen Quarzgehalt auf und leiten daher mitunter zu reinen Quarzgängen über. Der Feldspat ist vorwiegend Albit, daneben Orthoklas und Mikroklin. Letzterer ist häufig von Albitschnüren durchzogen. Rosa-Orthoklas tritt nesterweise zusammen mit großen Glimmerplatten auf und kann vielleicht als Indikator bezeichnet werden. Die Feldspatkristalle erreichen gelegentlich Abmessungen von über 1 m.

Akzessorisch finden sich Uranmineralien, das Niob-Tantalat Samarskit, Kupferkies, Pyrit, Zinkblende, Bleiglanz, Wismutglanz, Arsenkies u. a.

Der Glimmer[1]), der vorzugsweise am hangenden Salband der Gänge angesammelt ist, gehört offensichtlich mindestens zwei ver-

[1]) Nottmeyer, Die Glimmer-Pegmatitvorkommen der Tchensema-Syndicate Ltd. im Ulugurugebirge. Bericht 1933, nicht veröffentlicht.

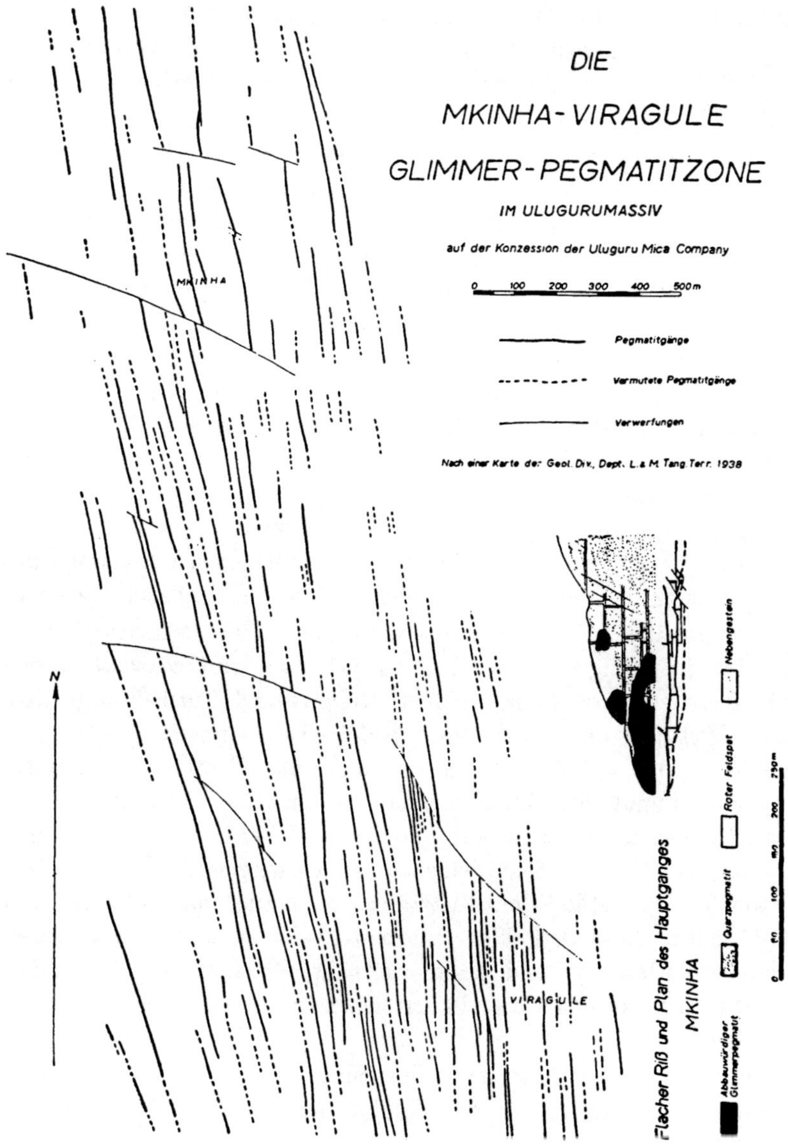

Abb. 12.

Pegmatitzone im Bereiche der Gruben Mkinha und Viragule, Ulugurumassiv

schiedenen Generationen an. Zunächst ist festgestellt worden, daß die nach W fallenden Gänge jünger sind als die ostwärts fallenden. Die Glimmerqualität ist in den zwei Gangsystemen insofern verschieden, als der ältere Glimmer durch nachträgliche Druckwirkungen geknickt

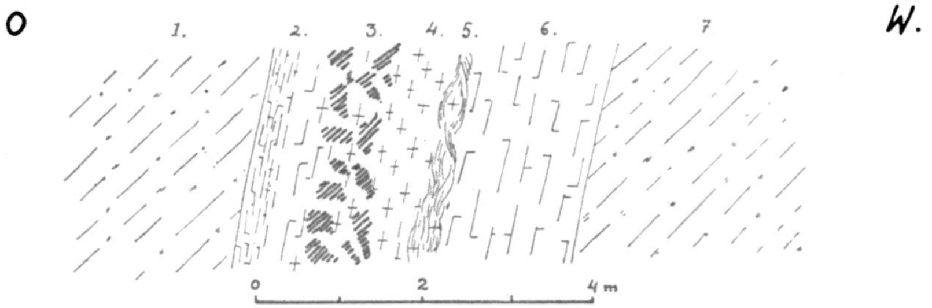

Abb. 13. **Gangprofil bei Chimurru, Ulugurumassiv**

1. Hangender Gneis
2. Feinkörniger Schriftpegmatit mit kleinen Glimmerkristallen
3. Grobkörniger Pegmatit mit großen Glimmerbüchern
4. Derber Quarz
5. Feinkörnige Glimmerschnüre
6. Grobkörniger liegender Feldspat
7. Liegender Gneis

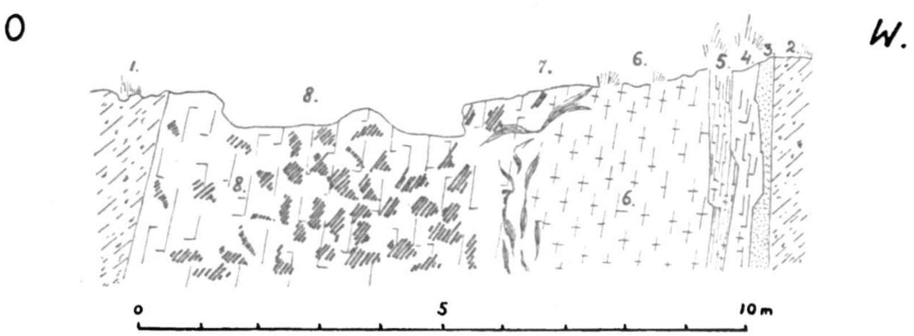

Abb. 14. **Profil durch den östlichen Hauptgang Vissu, Ulugurumassiv**

1. Hangender Biotitgneis
2. Liegender Biotitgneis
3. Gerades glattes Salband
4. Pegmatit (normal ausgebildet)
5. Zersetzter feinkörniger Pegmatit
6. Quarz
7. Feinkörniger Glimmer (zersetzt)
8. Feldspat (großkörnig) mit Glimmer

Nach O. Nottmeyer

oder verbogen wurde und stärkere Verunreinigungen aufweist. Der jüngere Glimmer ist dagegen stets sauber und glatt. Sofern beide Glimmergenerationen auf demselben Gang vorkommen, lassen sie sich leicht unterscheiden. Es wird vermutet, daß der jüngere Glimmer näher an der hydrothermalen Phase liegt. Hier fand ein Absatz von Ilmenit und Spekularit statt (gitterförmige Fleckung im Glimmer). Normalerweise ist jedoch dieser Glimmer tadellos ausgebildet und ist selbst in Platten von 1 cm Dicke noch gut durchscheinend. Hell- bis dunkelgrün oder braun gefärbt, besitzt er völlig glatte und ebene

Spaltflächen. Die Abmessungen einzelner Platten erreichen bis 1,15 × 1,40 m. Die Dicke der Glimmer-„Bücher“ geht mitunter bis 35 cm. Dieser bemerkenswert gute Glimmer ist bis jetzt nur aus dem Tschensemagebiet im Bereiche des Mbakana- und Mgetaflusses bekannt geworden. Außerhalb dieser Gegend kommt nur geringwertiger Glimmer vor.

Das 4 km östlich der Missionsstation Morogoro gelegene Vorkommen von Kigambwe weist Glimmerplatten von höchstens 15—20 cm Größe auf. Der dortige Pegmatitgang besitzt nur wenige Meter Länge. Bei Msasa, 2 km nördlich des Mbesi, eines Quellflusses des Ruwu, wurden im Gehängelehm Glimmerplatten bis zu 40 cm Größe gefunden.

Die westlich des Mgetatales auftretenden Glimmerpegmatite sind noch nicht kartiert oder untersucht worden. Ebenso fehlt es an fortgeschrittenen Aufschlußarbeiten im gesamten Gebiet südlich von Kikeo.

Im Bereiche des südlichen Vererzungsgürtels finden sich nur kleine Glimmervorkommen. Östlich des Tanganjikasees wurden geringe Mengen bei Sibveza, etwa 60 km nordöstlich von Karema, gefördert. Nordwestlich des Rukwasees, in den Tschalabergen, wurden während des Weltkrieges etwa 30 t Glimmer gewonnen. Es handelt sich hier um ein Biotitvorkommen in Pegmatitgängen, welche Glimmerschiefer und Biotitgneise durchsetzen. Das kleine Vorkommen ist bereits ganz abgebaut worden.

Südlich des Rukwasees sind ebenfalls Glimmervorkommen entdeckt worden, doch sind nähere Angaben darüber nicht bekannt. Im Bezirk Mahenge, und zwar an der Straße Mahenge-Mpanga, 30 km von Mahenge entfernt, liegen ebenfalls einige Fundpunkte von Glimmer. Eine geringwertige Qualität findet sich schließlich bei Tangiro, etwa 110 km Luftlinie südlich von Mahenge.

Im Südosten der Kolonie sind unweit der Granatvorkommen von Luisenfelde auch Glimmerlagerstätten festgestellt worden. Zwei Tagereisen westlich der Missionsstation Newala wurde hier zeitweise Glimmer gewonnen. Weitere Vorkommen sind in den Nguluvebergen im Hinterlande von Lindi gefunden worden.

Die weitaus größte Menge des in Deutsch-Ostafrika gewonnenen Glimmers stammt aus dem Süden des Ulugurumassives. Vorzügliche Qualität des Erzeugnisses, größere Ausdehnung der Vorkommen und die relativ günstige Verkehrslage ermöglichen hier einen Gewinnungsbetrieb, wie er gegenwärtig bei keinem der anderen Vorkommen durchführbar ist. Die Schätzung der hier anstehenden Glimmermengen bereitet aber große Schwierigkeiten, die teils in der Natur der Lagerstätten, teils darin begründet sind, daß eine sorgfältige Detailkartierung des ganzen Gebietes noch nicht vorliegt. Es handelt sich um ein Areal von etwa 20 km Länge in der NS-Erstreckung und bis zu 9 km Breite (rund 150 qkm). Es ist bereits erwähnt worden, daß in Querprofilen Hunderte von Pegmatitgängen angetroffen werden, deren Mächtigkeiten zwischen 0,5 und 20 m schwanken.

Für die Schätzung der Vorräte des der Uluguru Mica Co., der Haupterzeugerin, gehörenden Areales sind folgende Einschränkungen gemacht worden (nach Angaben von Dr. Nottmeyer): Die Anzahl der Gänge wird mit nur 20 angenommen, die durchschnittliche Mächtigkeit mit 2 m, die bauwürdige Länge im Streichen mit $^1/_3$ der ganzen Gebietslänge, also mit 6 km. Ferner wurden nur diejenigen Teile der Lagerstätten berücksichtigt, die im Stollenbetrieb gewinnbar sind, was bei vorsichtiger Schätzung eine durchschnittliche Abbauhöhe von 40 m ergibt. Es errechnet sich dann die abbauwürdige Pegmatitmenge zu 9600000 cbm oder bei einem spezifischen Gewicht von 2,5 zu rund 24000000 t. Nach den bisherigen Erfahrungen beträgt der Glimmeranteil im Pegmatit rund 10%. Die gesamte Glimmermenge besteht zu etwa 1% aus hochwertigem Tafelglimmer. Der Vorrat an diesem exportfähigen Material errechnet sich demnach zu etwa 24000 t. Verzichtet man bis zu einem gewissen Grade auf so drastische Kürzungen der in Ansatz zu bringenden Ziffern, zieht man ferner den ungenügenden Stand der Untersuchung des Geländes in Betracht und berücksichtigt man schließlich die unterhalb der projektierten Stollensohle anstehenden Pegmatitmengen, so muß man für den Uluguru-Bergbau eine sehr optimistische Prognose stellen. Dieses gilt besonders in Anbetracht der Tatsache, daß einerseits der Bedarf der Elektroindustrie an Tafelglimmer im steten Steigen begriffen ist und daß andererseits die Glimmergruben des gegenwärtigen Hauptproduzenten der Welt, Britisch-Indien, schon weitgehend abgebaut sind[1]).

Die von der Uluguru Mica Co. erworbene und ergänzte Berggerechtsame umfaßte bei Ausbruch des Krieges im Herbst 1939 eine zusammenhängende Fläche von annähernd 150 qkm. Die Gesellschaft hat nach umfangreichen Untersuchungs- und Aufschlußarbeiten Ende 1935 mit der Entwicklung und Einrichtung von maschinellen Berg-

[1]) Im Gegensatz zu dieser optimistischen Auffassung steht ein von G. J. Williams und A. F. Skerl kürzlich verfaßter Regierungsbericht, in dem die nachgewiesenen Reserven an Glimmer als ziemlich unbedeutend bezeichnet wurden (The Mining Journal London, Nr. 5499, 11. 1. 1941).

werksbetrieben begonnen. Bei Kriegsausbruch waren vier maschinelle Grubenbetriebe eingerichtet, von denen zwei bereits in Produktion standen, während auf den beiden anderen die Aufnahme der Gewinnung sich in Vorbereitung befand. Die Gruben sind durch eine etwa 25 km lange, von der Gesellschaft gebaute Fahrstraße sowie über eine von der Mandatsregierung hergerichtete Anschlußstraße von etwa 45 km Länge für Lastwagentransporte an die Bahnstation Morogoro angeschlossen. Das Unternehmen beschäftigte 1939 15 europäische Angestellte und bis 750 eingeborene Arbeiter.

Die bisherige Erzeugung Deutsch-Ostafrikas hielt sich in bescheidenem Umfang. Die folgende Tabelle zeigt die Entwicklung der Förderung (Prod.) seit dem Jahre 1900, dem Beginn des Bergbaues. Sofern die Förderziffern nicht erhältlich waren, sind sie in der Tabelle durch Ausfuhrzahlen (Exp.) ersetzt worden.

Glimmergewinnung Deutsch-Ostafrikas

Jahr	Menge		Jahr	Menge	
1900	2806 kg	(Exp.)	1921	—	
1901	7051 „	(Prod.)	1922	—	
1902	3730 „	(Exp.)	1923	32512 kg	(Prod.)
1903	21500 „	„	1924	55880 „	„
1904	8461 „	„	1925	52832 „	„
1905	18500 „	„	1926	53848 „	„
1906	66915 „	(Prod.)	1927	42672 „	„
1907	23461 „	„	1928	rund 30400 „	(Exp.)
1908	77538 „	„	1929	192024 „	(Prod.)
1909	94852 „	„	1930	rund 20000 „	(Exp.)
1910	106580 „	„	1931	rund 8000 „	„
1911	98299 „	„	1932	12192 „	(Prod.)
1912	153806 „	„	1933	11176 „	„
1913/1914	rund 500000 „	„	1934	32512 „	„
1915	—		1935	46736 „	„
1916	—		1936	33772 „	„
1917/1918/1919/1920	148336 „	„	1937	73761 „	„
			1938	36373 „	„
			Zusammen	rund 2066525 kg	

Mit einer Gesamterzeugung von etwas über 2000 t hat also Deutsch-Ostafrika bis jetzt nur einen geringen Teil seiner tatsächlichen Glimmervorräte geliefert. In diesen Zahlen sind jeweils sowohl der Tafelglimmer als auch der Abfallglimmer zusammengefaßt; letzterer spielt wertmäßig nur eine unbedeutende Rolle[1]). Die Verteilung der Qualitäten im Laufe der letzten Jahre zeigt die folgende Übersicht:

[1]) Von diesen 2000 t entfallen nach Williams und Skerl schätzungsweise etwa 1200 t auf Tafelglimmer (The Mining Journal London, Nr. 5499, 11. 1. 1941).

Jahr	Tafelglimmer long t	Abfallglimmer long t	Zusammen long t
1934	8,75	22,5	31,25
1935			46,0
1936	10,24	23,0	33,24
1937	32,6	40,0	72,6
1938	21,8	14,0	35,8

4. Asbest

In der Nähe der Bugaberge in Usagara, südwestlich Kilosa am Großen Ruaha, kommt in einem hellen rötlichen Lehm guter Chrysotilasbest vor. Die Fasern erreichen eine Länge bis zu 12 cm. Die Menge des Materiales, das in einem zerstückelten Gang auftritt, ist jedoch nur klein.

Ein Anthophyllitasbest, der unweit Morogoro, bei Mkundi und Nguru ya Ndege, gefunden wurde, hat sich als technisch unverwertbar erwiesen. Amphibolasbest soll auch in der Gegend von Mpapua auftreten; jedoch ist Näheres darüber nicht bekannt geworden.

Im Süden Deutsch-Ostafrikas finden sich ebenfalls nur kleine unbauwürdige Vorkommen; so z. B. am Nsamjaberg im Lupagebiet, wo kleine Trümer von Chrysotilasbest von etwa 6 mm Stärke im Serpentin festgestellt wurden; ferner im Marmor von Nagaga westlich Newala, der sporadisch Amphibolasbest enthält, welcher aus Tremolit hervorgegangen ist.

Asbestverdächtig ist schließlich auch die Gegend nördlich von Dodoma, wo nickelhaltiger Magnetit nachgewiesen wurde (vgl. bei Nickelerze).

5. Korund

Die wichtigsten Korundvorkommen liegen in einem etwa OW verlaufenden Gürtel südlich von Dodoma. Dieser Gürtel beginnt etwa 11 km südwestlich der Stadt und zieht sich bis zum Malamoberge etwa 8 km südöstlich von Kikombo. Sein westliches Ende liegt unweit der Straße Dodoma-Iringa. Hier kommen Biotitgneise und Granite vor, in denen Partien von Glimmerfels auftreten. Der Korund findet sich in purpurroten Kristallen im blaß-smaragdgrünen Glimmerfels eingebettet. Besseres Rohmaterial enthält über 10% Korund. Das korundführende Gestein ist sehr stark zerrissen und absätzig, so daß sein wirtschaftlicher Wert unsicher ist.

Etwa 8 km östlich von hier liegt ein weiteres ähnliches Vorkommen am Ilende Hill. Nach einer Unterbrechung durch Granitintrusionen tritt die Korundzone dann wieder bei Malamo hervor. Die dortige Lagerstätte ist über 2 km lang und an einen korundführenden Biotitschiefer gebunden, der zwischen zwei Pegmatitgängen eingekeilt ist. Die Mächtigkeit der korundführenden Lage schwankt zwischen etwa 7—22 cm. Der nordöstlich streichende Körper fällt mit 60^0 nach NW ein. In der nördlichen Fortsetzung tritt der Korund in einem Hornblendeschiefer auf. Auch ein Feldspat-Korundfels kommt bei Malamo vor. Die beste Fundstelle liegt aber im Bereiche des erwähnten Biotitschiefers, obschon die Korundlage hier nur 7,5 cm mächtig ist. Ein Auskeilen nach der Tiefe zu ist nicht festgestellt worden. Am Nordende wird die Lagerstätte durch eine Verwerfung unterbrochen und streicht dann in fast nördlicher Richtung weiter. Die bis über 20 cm langen Korundkristalle sind rissig und von Biotitadern durchsetzt, so daß das Produkt als geringwertig angesehen werden muß.

In den ultrabasischen Gesteinen des östlichen Lupa-Goldfeldes finden sich farblose und bläuliche Korunde. Diese Vorkommen besitzen keinen wirtschaftlichen Wert.

6. Bauxit

Wirtschaftlich zur Zeit noch bedeutungslose Vorkommen von Bauxit sind bei Amani und bei Mombo in Usambara nachgewiesen worden. Es handelt sich um Knollen in lateritischen Böden über den Gneisen des Grundgebirges. Eine Probe von Amani enthielt[1])

Al_2O_3	57,72%
SiO_2	10,53%
Fe_2O_3	1,15%
TiO_2	1,66%
H_2O	26,80%

Da die klimatischen Bedingungen zur Bildung des Bauxites in verschiedenen Teilen des Landes günstig sind, kann in Zukunft mit weiteren Funden dieses Minerals gerechnet werden.

7. Magnesit

Dichter porzellanartiger Magnesit findet sich in unregelmäßigen Gängen und Taschen in den Serpentinlinsen, die in kristallinen Schiefern ungefähr 100 km in der Luftlinie nordnordöstlich von Dodoma bei Mwahansa in der Nähe der Nickelvorkommen auftreten. Das Material ist im wesentlichen rein. Nur gelegentlich findet sich eine leichte Beimischung eines blaßgrünen serpentinartigen Minerals oder blaßbraune Limonitfärbung. Der Magnesiagehalt beträgt 42,5 bis

---

[1]) Krenkel, Geologie der Deutschen Kolonien in Afrika. 1939. S. 94.

46,5%. Untersuchungen über die Abbaumöglichkeit des Vorkommens liegen noch nicht vor.

Weitere Fundpunkte gibt es in den Vujubergen (West-Nguru), etwa 100 km im NNW von Morogoro, sowie im Tale des Pangani westlich der Pareberge.

8. Baryt

Ein Vorkommen von Baryt wird aus dem nördlichen Teil der Nguruberge, westsüdwestlich von Handeni im Gedja-Distrikt am Lukigurafluß erwähnt. Ferner findet sich Baryt nördlich der Malagarassimündung am Tanganjikasee sowie am mittleren Ipogolo im Lupa-Goldfeld (Songweberge).

9. Apatit

Etwa 48 km südlich von Kissaki nahe dem Ruahafluß an der Straße zwischen Sisi und Vikindu streicht eine senkrecht einfallende Schicht von grobkristallinem dolomitischem Kalkstein aus. Das Gestein enthält zahlreiche erbsengroße Apatitkristalle, die mit ungefähr 5% an seinem Aufbau beteiligt sind. Die streichende Ausdehnung beträgt etwa 3/4 km bei einer Mächtigkeit von rund 50 m. Bei Annahme von nur 30 m Tiefenausdehnung schätzt Teale den Vorrat auf etwa 3000000 t Apatit. Untersuchungen erwiesen seine Eignung als Düngemittel.

Kleinere Lager von Apatitmarmor treten bei Nagaga westlich Newala auf. Der Apatit nimmt hier stellenweise bis zu 1/4 des Gesteinsvolumens ein.

10. Phosphat

Von der Missionsstation Galappo, etwa 70 km nördlich von Kondoa-Irangi an der Straße nach Aruscha, stammt eine kleine Probe von phosphorhaltigem Kalk. Das Gestein ist schmutzig-graubraun gefärbt und aus mittelgroßen Oolithen aufgebaut. Es enthält rundliche Körper, vermutlich von Kollophan (amorphes Trikalziumphosphat). Die Analyse ergab die folgende Zusammensetzung:

Trikalziumphosphat [$Ca_3(PO_4)_2$]	17,50%
CaO	37,44%
MgO	0,74%
SiO_2 und unlösliche Silikate	2,91%
Fe-, Al-Oxyde	8,81%
Verlust	31,98%
	99,38%

Der Gehalt an Phosphorsäure ist demnach 8%, entsprechend etwa 3,5% P. Weitere Untersuchungen konnten keine größeren Vorkommen feststellen. Der Phosphorgehalt der Oberflächenkalke beträgt nur 0,4—0,8%.

11. Guano

In Kalksteinhöhlen des Mbeja-Bezirkes im Südwesten der Kolonie liegen beachtliche Mengen von Fledermausguano. Südlich des Songweflusses, bei Sukamawera, werden jährlich etwa 100—200 t Guano gewonnen. Durchschnittsproben aus Tiefen bis 5 m zeigten Gehalte von 11,8% P_2O_5 und 4,1% N. In größerer Tiefe ergab die Untersuchung Gehalte von 19,1% P_2O_5 und 2,4% N.

Der Wert des erzeugten Guanos betrug:

1934	615 £
1935	573 £
1936	150 £
1937	310 £

Der Preis einer Tonne Guano betrug 1934 70 sh, hielt sich dann bei 60 sh und ist 1937 auf 45 sh gesenkt worden. Das Unternehmen hat Absatzschwierigkeiten, da die künstliche Düngung wohl noch nicht genügend volkstümlich ist.

Weitere Guanohöhlen liegen bei Tanga (Siga- oder Kaiser-Wilhelm-Höhlen am Mkulumusi und bei Amboni am Sigifluß). Die Phosphorsäuregehalte gehen bis höchstens 5,5%, so daß die Vorkommen sogar für den örtlichen Verbrauch zu geringhaltig sind.

Ähnlich niedrige Gehalte zeigt der Guano der Landschaft Ukinga nördlich des Njassasees (5,4% P_2O_5, 10,2% N) und derjenige von Kilwa (5,9% P_2O_5, 5,4% N).

12. Salze

a) Kochsalz

Die schon vor dem Weltkriege lebhaft betriebene Kochsalzgewinnung Deutsch-Ostafrikas beschränkt sich ganz auf die Verwertung wässeriger Kochsalzlösungen. Eigentliche Steinsalzlager sind in der Kolonie unbekannt. Als Ausgangssubstanzen für die Gewinnung von Kochsalz dienen teils das Meerwasser, teils die Salzkrusten der Salzseen. Den Hauptanteil liefern heute indessen die kochsalzhaltigen Quellen. Die großen Kochsalzvorräte der Binnenseen bleiben einer zukünftigen Gewinnung vorbehalten.

Das bei weitem größte und wirtschaftlich wichtigste Vorkommen von Solquellen liegt am Unterlauf des Malagarassiflusses etwa 65 km östlich des Tanganjikasees an der Bahnstation Gottorp der Mittellandbahn und wird von der Saline Gottorp ausgebeutet. Die wichtigsten Quellen am Malagárassi sind Njansa, Ngansa, Ndole und Lubundussi. Am Rutschugi, einem Nebenfluß des Malagarassi, sind zwei weitere größere Quellen bekannt (Mpuaga und Kasenga). Außerdem werden in diesem Gebiet noch etwa zehn Quellen von geringerer Ergiebigkeit erwähnt.

Die Sole dringt unter geringem Druck aus den Klüften eines von rotem Sandstein der Tanganjikaformation überdeckten Diabases des Grundgebirges. Die Untersuchung einer im Juni 1912 entnommenen Solprobe durch das Materialprüfungsamt Berlin ergab folgende Zusammensetzung: Spezifisches Gewicht bei 18⁰ — 1,1361. Äußere Beschaffenheit: klar, farblos, geruchlos. Spuren eines Bodensatzes. In 100 Gewichtsteilen sind enthalten:

Kieselsäure	0,002 G.-T.	Schwefelsäure (SO_3)	0,210 G.-T.
Eisenoxyd und Tonerde	Spuren	Chlor	10,75 „
Kalk	0,213 G.-T.	Kali	0,323 „
Magnesia	0,173 „	Natron	8,85 „
Kohlensäure (einfach gebunden)	0,006 „		

Gesamtrückstand, bei 125⁰ getrocknet: 18,33 Gewichtsteile. Daraus ergibt sich folgender Salzgehalt in Prozenten:

NaCl	16,67 %
KCl	0,511%
$MgCl_2$	0,408%
$CaCl_2$	0,115%
$CaCO_3$	0,014%
$CaSO_4$	0,357%

Brom und Jod fehlen gänzlich. In der Trockenzeit fließen die Quellen spärlicher, zeigen aber eine höhere Konzentration.

Der Ursprung des Salzes in den Quellen ist möglicherweise in den salzhaltigen Böden der Steppen zu suchen, die zum Entwässerungsgebiet des Malagarassi und des Rutschugi gehören. Die Untersuchung einer Wasserprobe aus einer Steppenpfanne ergab folgende Salzgehalte in 100 ccm Flüssigkeit[1]):

$CaSO_4$	0,0201 g
$CaH_2(CO_3)_2$	0,0171 g
$MgH_2(CO_3)_2$	0,0075 g
$MgCl_2$	0,0216 g
KCl	0,0120 g
NaCl	0,2264 g
	0,3047 g

[1]) Tornau, Beiträge zur geologischen Erforschung der deutschen Schutzgebiete. 1913. H. 6.

Brom und Jod fehlen auch hier. H_2S tritt in Spuren auf. Offenbar wandern die salzführenden Lösungen unterirdisch in westlicher Richtung und treten in den Einschnitten der Flußbetten an die Oberfläche. Die Austrittstellen liegen stets im Niveau des Flußwassers.

Am Zusammenfluß des Rutschugi mit dem Malagarassi wurde im Jahre 1903 von der Central-Afrikanischen Seen-Gesellschaft m. b. H. eine moderne Salzgewinnungsanlage errichtet, die 1904 ihren Betrieb aufnahm (Abb. 15). Bis zum September 1913 wurden hier 13450 metr. t Kochsalz gewonnen.

Die Entwicklung des Werkes zeigen folgende Produktionsziffern in metr. t:

1904	972,3 t
1905	1092,5 t
1906	963,9 t
1907	1605 t
1908	743 t
1909	947 t
1910	1826,5 t
1911	1700 t
1912	2000 t
1913 (Jan.—Sept.)	1600 t

Die Saline wurde noch bis zum Juli 1916 betrieben und dann nach Zerstörung betriebswichtiger Einrichtungen einer Auswertung durch den Feind entzogen. 1917 wurde das Werk durch den kriegsgefangenen Betriebsleiter von den Belgiern wieder instandgesetzt und bis 1919 betrieben. Nach der Übernahme des Gebietes durch die Engländer fand wohl nur eine unregelmäßige Förderung statt. Seit 1923 ist die Saline Gottorp unter dem Namen Nyanza Salt Works in steigendem Maße an der Salzgewinnung Deutsch-Ostafrikas beteiligt.

Es wurden gewonnen:

1923	1841 t
1924	2562 t
1925	2670 t
1926	1833 t
1927	4000 t
1928	4481 t
1929	5383 t
1930	4417 t

Von 1931 an beschränkt sich die amtliche Statistik auf die Angaben der Salzgewinnung des ganzen Mandatsgebietes, ohne die Produktion dieser Saline hervorzuheben. In den 1930er Jahren dürfte die jährliche Salzgewinnung der Saline etwa 5000—6000 t betragen haben (im

Abb. 15. **Siede- und Trockenpfanne mit Abtropfbühne der Saline Gottorp.** Aus Schloifer, Bana Uleia, Dietrich Reimer Verlag, Berlin

Verlag Walter de Gruyter & Co., Berlin W 35
Deko VI. Zu Schumacher und Thamm, Minerallagerstätten von Deutsch-Ostafrika

Jahre 1935 soll sie sogar 7000 t überschritten haben). Damit kann roh geschätzt werden, daß das Werk bis 1938 im ganzen vielleicht bis gegen 100000 t Kochsalz geliefert haben kann.

Weitere kleine Salzquellen sind bei Bahi und Kigwe an der Mittellandbahn zwischen Dodoma und Kilimatinde bekannt geworden. Die an den Quellöchern sich bildenden Salzkrusten werden von den Eingeborenen gesammelt. Am Ostfuße des Oldonjo Sambu, ungefähr auf halber Strecke zwischen Kondoa Irangi und Aruscha, treten heiße Natronquellen aus, die weiße Krusten von Soda und Kochsalz ausscheiden.

Die Absätze mancher Binnenseen dienen ebenfalls stellenweise zur Kochsalzgewinnung durch Eingeborene. Kleine Mengen werden am Südwestende des Ejassi (Njarassa)-Sees und an seinem Nordwestufer gewonnen. Es dürfte eine Menge von etwa 500 t jährlich sein. Der NaCl-Gehalt dieser Salzkrusten schwankt zwischen 13,1 und 83%. Die Salze des Balangdasees enthalten große Mengen von Kochsalz (40,8%). Sein Vorrat an diesem Salz wird auf 225000 t geschätzt. Mit 20—30% ist das Kochsalz auch in den Salzen des Natronsees vertreten. Die Salzkrusten des Singidasees werden von Eingeborenen gewonnen, wobei jedes Jahr alles vorhandene Salz abgesammelt wird. Die hier vorliegenden Salzkrusten sind also jährliche Neubildungen. Das Salz enthält etwa 87% NaCl.

Salzpfannen kommen unweit des Lupa-Goldfeldes vor und könnten der Salzgewinnung dienstbar gemacht werden. Der salzhaltige Boden und die Pflanzen der Steppen werden von Eingeborenen an manchen Stellen durch Auslaugen auf ihren Salzgehalt verarbeitet (sogenanntes Steppensalz), so z. B. in den Steppenlandschaften zwischen dem Malagarassi- und dem Utindifluß. Das so gewonnene Salz enthält neben 66,47% NaCl noch 15,29% KCl und 3,71% $MgCl_2$; Sulfate von K und Ca sind mit je 2,7% beteiligt.

H. Meyer erwähnt eine Salzimprägnation in einem Tonschiefer aus der Umgebung des Burigisees.

Während die Salzgewinnung aus den kleinen Quellvorkommen, den Seen und Pfannen und aus der Steppe eine nur ganz untergeordnete Rolle spielt, macht die Erzeugung von Kochsalz aus dem Meerwasser einen beachtenswerten Betrag aus. Im Jahre 1932 sollen angeblich rund 3000 t Salz an der Küste gewonnen worden sein.

Die Entwicklung der Salzgewinnung in Deutsch-Ostafrika zeigte in den letzten Jahren eine steigende Tendenz.

Kochsalzgewinnung Deutsch-Ostafrikas

1935	6938 long t	(Verkauf)
1936	8439 long t	(Produktion)
1937	8585 long t	,,
1938	9515 long t	,,

Kochsalz ist das einzige Salz, das in Deutsch-Ostafrika gewonnen und vom Handel erfaßt wird.

b) Die Salzreserven der ostafrikanischen Salzseen

Die in den Seen des Binnenlandes enthaltenen Riesenmengen von Salzen verschiedener Art versprechen nicht nur die Möglichkeit einer späteren großen Steigerung der Kochsalzgewinnung, sondern vermögen auch große Mengen Roh- und Hilfsstoffe für die Industrie und die Landwirtschaft zu liefern, besonders an Soda.

Die Salzseen liegen im Bereiche der Bruchstufenlandschaft zwischen Singida und der Grenze der Kenya-Kolonie (Abb. 16). Den äußersten Ausläufer nach Norden bildet der Magadsee in Kenya, wo bereits seit über 20 Jahren umfangreiche Gewinnungsarbeiten auf Soda durchgeführt werden. Der nördlichste See innerhalb der Grenzen Deutsch-Ostafrikas ist der Natronsee. Der in 614 m Meereshöhe liegende See ist rund 55 km lang und 24 km breit. Die rund 570 qkm große Fläche des Sees bildet in der Trockenzeit einen Sumpf oder eine staubige Salzsteppe. Etwa 120 qkm dieser Fläche werden von einer mindestens 1 m dicken Salzkruste eingenommen, die 20—30% Kochsalz, 53—65% Soda und 1,5—2% Natriumsulfat enthält. Der Sodavorrat wird auf rund 70000000 t geschätzt.

Einen großen Sodavorrat beherbergt auch der etwa 100 km weiter südlich liegende Manjarasee. Dieser See ist rund 40 km lang und 10 km breit. Eine genauere Untersuchung über seine Salzvorräte und deren Zusammensetzung steht noch aus.

Der westlich von hier gelegene Njarassa (Ejassi)-See besitzt eine Länge von etwa 80 km bei 15 km Breite. In der Seemitte liegt zuoberst eine 0,6—2,5 cm dicke Kruste von sandig-schluffigem Material, das von Salzen zementiert ist. Darunter folgt eine Lage von braunem Schluff mit zahlreichen winzigen Gaylüssitkristallen (Gaylüssit = Natrocalcit = $Na_2CO_3 \cdot CaCO_3 \cdot 5H_2O$). Zuunterst liegt eine etwa 1 m mächtige Schicht von grauem Ton, dessen Risse von Gaylüssitkristallen bis zum 25 mm Größe ausgefüllt sind. Orr nimmt an, daß in größerer Tiefe noch weitere Salzschichten angetroffen werden können. Im Norden des Sees wird die Salzdecke stellenweise 5 cm dick, hält sich im allgemeinen jedoch bei einigen Millimetern. Die Zusammensetzung der Salze ist schwankend, wie aus der untenstehenden Tabelle hervorgeht.

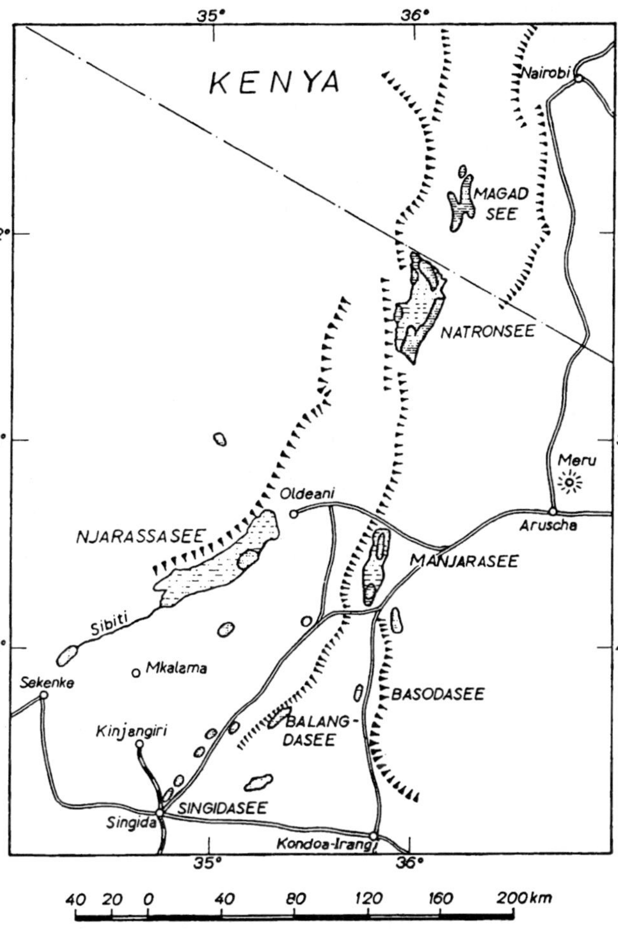

Abb. 16. **Salzseen im Bereiche der Bruchstufenlandschaft zwischen Singida und der Kenya-Kolonie**

Prozentuale Anteile der wichtigsten Salze in den einzelnen Teilen der Salzkrusten des Njarassasees (nach Orr und Grantham)

	Südost-gebiet		Norden — Mitte			Nordwestgebiet					Nordost-gebiet
NaCl	46,3	15,8	18,9	35,4	15,3	13,1	52,0	41,0	33,8	56,2	44,5
Na_2CO_3	33,1	32,5	25,0	24,8	27,0	43,8	18,6	22,9	20,0	16,1	17,5
Na_2SO_4	6,6	10,5	vorh.	5,5	4,5	7,8	5,5	8,1	5,6	8,8	7,0
$NaHCO_3$	6,7	25,7				25,7	15,4	17,1	10,3	10,7	10,7

Die Vorräte des Njarassasees an Kochsalz werden auf 2471000 t, die an Soda auf 2118000 t geschätzt. Dabei ist nur die oberste Lage der Salzkruste mit 12 mm Stärke in Rechnung gesetzt. Die Salzmenge der darunterliegenden Salzhorizonte läßt sich vorläufig nicht abschätzen. Der Sodavorrat, der außerdem in Form von Gaylüssit vorliegt, wird auf 8500000 t veranschlagt.

Im Gebiet zwischen dem Manjarasee und den Orten Singida und Kondoa-Irangi liegen weitere drei kleinere Salzseen, die näher untersucht wurden. Es sind dies der Basoda-, Balangda- und Singidasee.

Der Basodasee ist sehr salzarm und eine Krustenbildung kommt auch in der Trockenzeit nicht zustande.

Die Salzkruste des Balangdasees wird 7,5—10 cm dick. Das Salz besteht zu 40,8% aus NaCl. Der Gehalt an Na_2CO_3 beträgt 21,7%, an $NaHCO_3$ 6,4%, an Na_2SO_4 23,8%. Bemerkenswert ist ein Gehalt von 0,3% Natriumphosphat und von 2,7% Chlorkalium. Der See besitzt eine Flächenausdehnung von 11,5 Quadratmeilen (29,7 qkm), von der fast die Hälfte von der Salzlagerstätte eingenommen wird. Bei Annahme einer Mächtigkeit von nur 1 Zoll (2,5 cm) und des spezifischen Gewichts von 1,4 dürfte der Salzvorrat rund 550000 long t betragen. Verteilt auf die einzelnen Verbindungen ergeben sich folgende Vorräte:

NaCl	224400	long t
Na_2CO_3	119350	,,
$NaHCO_3$	35200	,,
Na_2SO_4	130900	,,
KCl	14850	,,
Na_3PO_4	1650	,,
Wasser und Rückstand	25850	,,

In der Gegend des Sees sind in genügendem Maße Brennholz sowie Süßwasser vorhanden. Das trockene Klima und der regelmäßige Wind würden eine Gewinnung fördern. Die Verkehrslage ist ausgesprochen günstig.

Das Salz des Singidasees besteht, wie schon erwähnt, vorwiegend aus NaCl. Soda fehlt ganz und der Gehalt an Na_2SO_4 beträgt nur 0,68—0,69%. Das Salz enthält außerdem noch 0,86% $MgCl_2$.

Ein kleiner Sodasee liegt schließlich ganz im Süden der Kolonie, und zwar am Songwefluß bei der Missionsstation Galula südwestlich des Lupa-Goldfeldes. Die stark alkalische Lösung enthält keine Sulfate, Kalium fehlt gänzlich, Cl tritt nur in Spuren auf. Soda bildet den Hauptbestandteil. Das Salz des Rukwasees enthält außerdem bis zu 5% Kalisalze.

Zu erwähnen wäre schließlich noch ein kleines Vorkommen von Mirabilit (natürliches Glaubersalz = $Na_2SO_4 \cdot 10H_2O$) im Ruahatal, 5,5 km unterhalb der Dodoma-Iringa-Straße. Es handelt sich um ein sehr reines Material.

Etwas Bittersalz ($MgSO_4 \cdot 7H_2O$) ist unterhalb der Panganischnellen am Rufidji gefunden worden. Die chemische Zusammensetzung des Salzes ist die folgende:

MgO	15,42%
SO_3	31,12%
H_2O	46,61%
Rückstand	6,74%
	99,89%

Neben dem Kochsalz dürfte die Sodagewinnung für Deutsch-Ostafrika in Zukunft von großer Bedeutung werden. Im Weltkriege hat man die unreine Soda der Salzseen zum Verseifen der in der Kolonie reichlich vorhandenen Pflanzenöle verwendet.

13. Steinkohlenvorkommen

(Vgl. Tafel X)

Die wichtigsten Steinkohlenlager Deutsch-Ostafrikas befinden sich im Süden der Kolonie, im Gebiet östlich des Njassasees und nordwestlich von ihm. Die Vorkommen treten in den Ecca-Schichten der permo-triasischen Karruformation auf und sind in den Tälern der Grabenbrüche erhalten geblieben, während die auf dem Hochplateau verbliebenen Teile der Karrubedeckung der späteren Abtragung anheimgefallen sind. Der Ruhuhugraben, der in nordöstlicher Richtung vom Njassagraben abzweigt, und der Rukwagraben, welcher die nordwestliche Fortsetzung des letzteren bildet, bergen die größten bisher bekannt gewordenen Kohlenvorkommen.

a) Das Ruhuhu-Kohlenrevier

(Vgl. Tafel XI)

Der Ruhuhugraben beginnt etwa 120 km südlich der Nordspitze des Njassasees an dessen Ostufer bei Wiedhafen bzw. Manda und zieht sich in einer Breite von rund 40 km in nordöstlicher Richtung fort. Er stößt südlich von Mahenge bis zur östlichen Bruchstufe durch.

Die Sohle des von den Schichten des Grundgebirges eingesäumten Grabens weist eine Abfolge der Sedimente des Karrusystems auf, die heute bereits gründlich bekannt ist. Mit Hilfe paläontologischer Befunde ist es Stockley möglich geworden, einen Vergleich dieser Schichten mit dem südafrikanischen Karrusystem durchzuführen. Wir geben hier eine Übersicht der Schichtglieder dieser von Stockley als „Songea-Serie“ bezeichneten Sedimente in Gegenüberstellung zum Karru-System Südafrikas.

Tanganjika-Territorium Songea-Serie	Südafrika Karru
Manda-Schichten mit oberem Bone-Bed (K 8) (Unio karrooensis und Rhexoxylon tetrapteridoides)	Stormberg Drakensberg-Vulkanite Cave-Sandsteine Red Beds Molteno-Schichten mit Rhexoxylon tetrapteridoides
Kingori-Sandsteine (K 7)	Oberes Beaufort
Unteres Bone-Bed (K 6) (Dadoxylon)	Mittleres Beaufort
Ruhuhu-Beds (K 5) (Glossopteris, Gangamopteris, Palaeomutela, Dadoxylon)	Unteres Beaufort
Coal Measures (K 2—K 4)	Obere Ecca-Schichten
Grundkonglomerate und -sandsteine (K 1)	Mittlere Ecca-Schichten (Coal Measures)
	Untere Ecca-Schichten
	Dwyka-Schichten

Die Schichten liegen im allgemeinen ziemlich flach, sofern nicht Schleppungen an den Rändern der Grabenbrüche oder an sonstigen Verwerfungen eintreten. Ihre Neigung kann 10—17° betragen (durchschnittlich 12°). Faltungen sind nirgends beobachtet worden.

In petrographischer Hinsicht besitzen die einzelnen Schichtglieder folgende Besonderheiten (von unten nach oben):

K 1: Gelbgrüner feinkörniger kompakter Sandstein; gelegentlich Schiefer und glimmerführende Sandsteine. Mächtigkeit nicht einwandfrei festgestellt; sie wird auf etwa 1700 Fuß (rund 500 m) geschätzt.

K 2: Grusiger Sandstein mit Kohlenflözen, kalkigen Schiefern und Kalksteinen. Mächtigkeit 450 Fuß (rund 135 m).

K 3: Grober grusiger Sandstein mit grünen und roten Mergeln und gewöhnlich einer Kalksteinlage. Mächtigkeit 450 Fuß (rund 135 m).

K 4: Graue Tonschiefer mit Kohlenflözen, Eisensteinen und Sandsteinen. Mächtigkeit 335 Fuß (rund 100 m).

K 5: Feinkörnige grünliche Sandsteine und Schiefer mit dolomitischen Kalklagen und -knollen. Gelegentlich fossiles Holz (Dadoxylon). In den oberen Gliedern Palaeomutela und Glossopteris. Mächtigkeit 700—1000 Fuß (rund 210—300 m).

K 6: Grünliche und graue Schiefer, Kalkknollen, Sandsteine mit Reptilknochen und fossilem Holz (Dadoxylon). Mächtigkeit 300 Fuß (rund 90 m).

K 7: Grobe, in fließendem Wasser abgelagerte Gruse, Sandsteine und Konglomerate zum Teil. Mächtigkeit 1200 Fuß (rund 360 m).

K 8: Rote feldspatführende Sandsteine und Mergel mit einer Knochenlage und Unio-Arten. Mächtigkeit 440 Fuß (rund 133 m).

Die kohlenführenden Schichten (K 2—K 4) entsprechen dem unteren Perm. Der ganze in den Ruhuhugraben versenkte Komplex der Karruschichten ist in sich noch weitgehend zerbrochen. Brüche in NO- und NW-Richtung herrschen vor. Seltener treten NS- und OW-Dislokationen auf. Das Absinken sowohl wie die Verschiebungen der einzelnen Karruschollen gegeneinander sind mit Kippungen verbunden gewesen, so daß die kohlenführenden Schichten nach der Erosion und Einebnung an vielen Stellen zutage ausstreichen bzw. in abbauwürdige Tiefen emporgerückt sind (Tafel XI). Südlich der Ruhuhumündung liegen die Ausstriche des Süd-Manda-Kohlenfeldes, nördlich davon diejenigen des Nord-Manda-Kohlenfeldes. Nordöstlich bzw. östlich dieser Vorkommen befinden sich die Kohlenfelder von Mtschutschuma-Ketewaka, Ndembe und Ngaka. In weiterem Abstande nach Osten, im Bereiche einer keilförmigen Grabeneinsenkung, liegt das Lumetscha-Kohlenvorkommen.

α) Das Süd-Manda-Kohlenfeld

Das Vorkommen ist bereits 1897 von Bornhardt entdeckt worden. Hier treten zwei schwächere Flöze auf, die eine Gesamtmächtigkeit von 1,5 m besitzen. Aufschlüsse liegen am Mtambalalafluß vor. Das obere Flöz ist etwa 90 cm, das untere 60 cm stark. Stockley und Oates geben folgende Zusammensetzung dieser Kohlen an:

	Spez. Gewicht	Feuchtigkeit %	Flüchtige Bestandteile %	C %	Asche %	S %
Oberes Flöz	1,38	3,1	23,0	42,8	31,1	0,26
Unteres Flöz	1,54	1,5	19,7	63,2	15,6	0,57

Die Kohle des oberen Flözes besitzt einen Heizwert von 8800 B.T.U. (British Thermal Units), oder 4884 kcal., die des unteren Flözes von 11600 B.T.U. (6438 kcal.). Die Ausdehnung des Kohlenfeldes beträgt etwa 7,5 Quadratmeilen (19,4 qkm).

β) Das Nord-Manda-Kohlenfeld

Dieses Feld ist erst 1932 entdeckt und kartiert worden. Nähere Angaben über das Vorkommen stehen noch aus.

γ) Das Mtschutschuma-Ketewaka-Kohlenfeld (Mhumbi-Kohlenfeld)

Die Kohlenfunde an den Flüssen Ketewaka und Mtschutschuma wurden 1912 bekannt. Die festgestellten Flöze besitzen eine Gesamtmächtigkeit von über 5 m. Die Kohle des 3 m mächtigen Ost-Ketewaka-Hauptflözes hat folgende Eigenschaften:

Feuchtigkeit %	Flüchtige Bestandteile %	C %	Asche %	S %	Heizwert
4,3	29,2	58,2	8,3	1,71	11700 B.T.U. (6493 kcal.)

Das untere Flöz bei Nyamoto, West-Ketewaka (Mhumbikohle), besitzt eine Mächtigkeit von 1,5 m. Die Zusammensetzung der Kohle ist folgende:

Feuchtigkeit %	Flüchtige Bestandteile %	C %	Asche %	S %	Heizwert
2,3	23,0	60,1	14,6	0,61	11200 B.T.U. (6216 kcal.)

Die Kohlen der geringmächtigen Flöze weisen einen wesentlich niedrigeren Heizwert auf (schätzungsweise 7—8000 B.T.U. = 3885 bis 4440 kcal.).

Die Ausstrichlinie der Kohlenflöze ist über 12 Meilen (19,2 km) verfolgt worden. Die Breite des abbauwürdigen Teiles der Flöze in Oberflächennähe wird mit 3 Meilen (4,8 km) geschätzt, was eine Kohlenfeldfläche von rund 90 qkm ergibt.

δ) Das Ndembe-Kohlenfeld

Das Vorkommen von Ndembe weist drei Flöze auf, die aschenreiche Kohle von geringerem Heizwert führen.

Ihre Zusammensetzung ist folgende:

	Spez. Gewicht	Feuchtigkeit %	Flüchtige Bestandteile %	C %	Asche %	S %
Am Fluß ..	1,83	1,3	21,2	37,9	39,6	0,36
Im Schurf .		3,5	19,9	40,6	36,0	0,24
Oberes Flöz	1,61	8,3	24,9	36,9	29,9	0,29

Der Heizwert der ersten und zweiten Probe beträgt je 7400 B.T.U. (4107 kcal.), derjenige der dritten Probe 6400 B.T.U. (3552 kcal.).

An der Madambasi-Bergkette westlich des Ndembe-Berges findet sich außerdem noch ein kleiner Aufschluß mit kohlenführenden Schichten.

ε) Das Ngaka-Kohlenfeld

Die Gesamtmächtigkeit mehrerer schwächerer Flöze beträgt hier 17—18 Fuß (5,1—5,4 m). Die Kohlenflöze lassen sich über etwa 6 Meilen (etwa 10 km) im Streichen verfolgen; ihre tatsächliche Ausdehnung ist wahrscheinlich 10 Meilen (16 km). Es handelt sich hier um das qualitativ beste, bisher bekannt gewordene Kohlenvorkommen. Folgende Zusammensetzung wird von Stockley und Oates angegeben:

	Spez. Gewicht	Feuchtigkeit %	Flüchtige Bestandteile %	C %	Asche %	S %
Probe am Mkapafluß ..	1,41	2,5	23,1	63,7	10,7	0,74
Probe am Mbujurufluß.	1,41	2,7	26,0	63,8	7,5	0,90

Der Heizwert der ersten Probe beträgt 11700 B.T.U. (6493 kcal.), derjenige der zweiten Probe 12300 B.T.U. (6826 kcal.).

ζ) Lumetscha-Kohlenfeld

Geringmächtige Kohlenvorkommen treten an den Nebenflüssen des Lumetscha, am Lukago und Luhiro auf. Das Flöz am Lukagofluß ist nur 30 cm stark und enthält neben 50% C 28% flüchtige Bestandteile. Der Feuchtigkeitsanteil beträgt 7,3%, die Asche 14,7%, der Schwefelgehalt 0,57%. Das spezifische Gewicht ist 1,41. Die Kohle besitzt einen Heizwert von 10300 B.T.U. (5716 kcal.).

Die wirtschaftliche Bedeutung der Ruhuhu-Kohlenlager

Die qualitative Beurteilung der Kohlen des Ruhuhu-Reviers ist in erster Linie dadurch erschwert, daß Untersuchung und Probenahme sich ausschließlich auf das Ausbißmaterial beschränken. Tiefenaufschlüsse sind bislang nicht gemacht worden; das Untersuchungsmaterial ist daher notwendigerweise von den Atmosphärilien angegriffen und dadurch verändert worden. Die Ergebnisse eines späteren Bergbaues müßten also eine Kohle von wesentlich besserer Qualität aufzeigen.

Die Kohle besitzt im allgemeinen einen bituminösen Charakter und ist, von geringen Ausnahmen abgesehen, nicht verkokbar. Der Anteil der flüchtigen Bestandteile, verglichen mit dem Anteil des reinen Kohlenstoffes, verhält sich im Durchschnitt etwa wie 1 : 2. Die Asche ist schwefelfrei. Der Schwefelgehalt der Kohle übersteigt mit einer Ausnahme nirgends 0,9%.

Die gewinnbaren Vorräte der beiden größten Vorkommen, und zwar der Kohlenfelder von Ngaka und von Ketewaka-Mtschutschuma, belaufen sich nach Stockley und Oates[1]) bei Annahme von nur 3 m mittlerer Mächtigkeit auf rund 800000000 t. Bei weiterem Fortschreiten der Untersuchungen dürfte sich diese Ziffer nicht unerheblich vergrößern.

Die Abgelegenheit von Industrie- und Verkehrszonen hat bisher die Auswertung der Kohlenlager verhindert. Es hat nicht an Anregungen gefehlt, die Kohle für Verkehrszwecke nutzbar zu machen (Eisenbahnbauten, Schiffsverkehr auf dem Njassasee), doch scheiterten diese Pläne bisher wohl hauptsächlich an der Unsicherheit der kolonialen Besitzverhältnisse (Mandatsdauer), womit der Anreiz zu Kapitalinvestitionen wegfiel. In Zukunft dürfte die Nachbarschaft der noch näher zu untersuchenden Eisenerzlager im Livingstonegebirge (s. d.) nördlich des Kohlenfeldes unter Umständen von großer Bedeutung werden (Tafel X). Nach Lösung der hütten- und verkehrstechnischen Fragen würde der Schaffung einer bodenständigen Eisenindustrie nichts mehr im Wege stehen.

b) Das Rukwa-Kohlenrevier

(Vgl. Tafeln X und XII)

Ähnlich dem Ruhuhugraben beherbergt auch der Rukwagraben zurückgebliebene Schichtpakete des Karrusystems. Von der Nordspitze des Njassasees erstreckt sich dieser Grabenbruch in nordwestlicher Richtung über eine Länge von mehreren hundert Kilometern. Seine Talsohle ist aber im Gegensatz zum Ruhuhugraben zum größten Teil von jungen Oberflächenbildungen oder jungvulkanischen Ablagerungen bedeckt, so daß die paläozoischen Schichten nur stellenweise zutage liegen und in ihren Ausstrichen vielfach an die Randpartien der Brüche bzw. an lokale Horst- und untergeordnete Grabenbildungen gebunden sind. Demnach ist die Ausdehnung der Kohlenvorkommen hier stets beschränkt. Von Südost nach Nordwest liegen die Kohlenfelder von Songwe-Kiwira, Galula, Muse-Namwele und das zunächst nur vermutete Vorkommen von Tatemya-Usewia (vgl. Tafeln X und XII).

---

[1]) Report on the geology of the Ruhuhu Coalfields. Tang. Terr. Geol. Surv., Bull. 2, 1931.

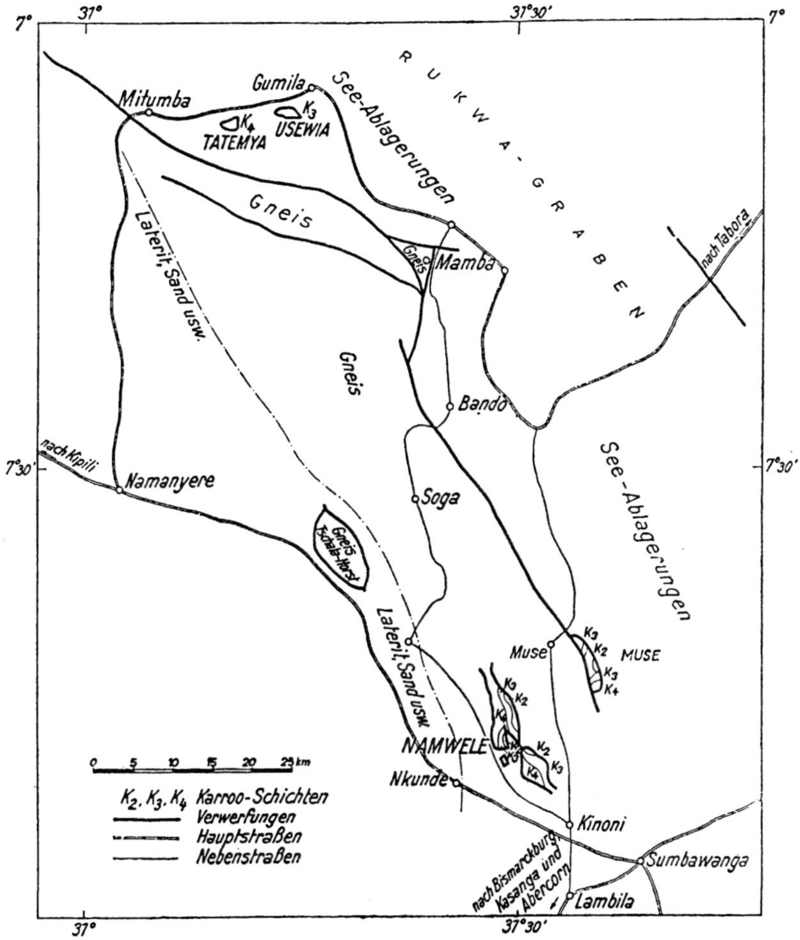

Kohlenlager am südwestlichen Rande des Rukwa-Grabens

Verlag Walter de Gruyter & Co., Berlin W 35
Deko VI. Zu Schumacher und Thamm, Minerallagerstätten von Deutsch-Ostafrika

α) Das Songwe-Kiwira-Kohlenfeld

Das von Bornhardt 1896 entdeckte und beschriebene Kohlenfeld liegt zwischen den Flüssen Songwe und Kiwira, die in den Njassasee münden und ist etwa 30—35 km vom Nordwestufer des Sees entfernt (Tafel X). Der hier auftretende Karrukomplex besteht im Liegenden aus etwa 800 m mächtigen Bänken von Konglomeraten und Sandsteinen. Darüber folgt eine 20 m starke Schicht von Ton- und Brandschiefern. In dieser Schicht treten die Kohlenflöze auf. Im Hangenden liegen tonig-sandige Sedimente und Kalke, deren Mächtigkeit etwa 600 m beträgt, Das ganze Schichtpaket streicht in NS-Richtung und fällt flach nach O ein. Nur an einer NW streichenden Verwerfung ist das Einfallen steiler.

Die Gesamtmächtigkeit der Kohlenflöze beträgt etwa 11 m. Sie setzt sich aus zahlreichen einzelnen Lagern und Schmitzen zusammen, die innerhalb einer 20,8 m mächtigen Schichtenfolge auftreten. Magerkohlenflöze wiegen bei weitem vor. Dazwischen finden sich vier voneinander getrennt liegende Fettkohlenflöze von je etwa 30 cm Mächtigkeit.

Die Kohlenflöze lassen sich über etwa 15 km im Streichen verfolgen. Ihre Zahl und ihre Mächtigkeit scheint jedoch stark zu schwanken. Eine eingehende Untersuchung der Vorkommen steht noch aus.

Die Kohle besitzt bei einem Aschengehalt von 5—20% einen Heizwert von 9000—12000 B.T.U. (4995—6660 kcal.). Auch diese Werte schwanken in recht weiten Grenzen.

β) Das Galula-Kohlenfeld

Dieses, auch Rukwa-Kohlenfeld genannte Vorkommen liegt etwa 17 km südwestlich der Missionsstation Galula und etwa 35 km südlich des Saza-Goldbergwerks im Lupa-Goldfeld (Tafel X). Es enthält zwei Flöze von je etwa 12 Fuß (3,6 m) und 3 Fuß (0,9 m) Mächtigkeit. Die Kohlenproben ergaben einen Gehalt an Asche von 17—20%. Der Heizwert wurde zu 11030 B.T.U. (6121 kcal.) bestimmt.

Das Kohlenfeld besteht aus drei getrennten Blocks, von denen der größte einen Vorrat von 2200000 t aufweisen soll, während die beiden kleineren Blocks je 250000 t enthalten.

1934 hat die East African Goldfields Ltd. mit dem Abteufen eines zweitrümigen Schachts begonnen, der die Lagerstätte in einer Tiefe von etwa 100 m anfahren sollte. Über die Fortsetzung dieser Arbeit ist in der Folge jedoch nichts bekannt geworden.

γ) Die Kohlenfelder von Namwele und Muse

Die am südwestlichen Rande des Rukwagrabens, etwa 20—25 km nordwestlich von Sumbawanga gelegenen Kohlenvorkommen treten in Resten der Karruschichten auf (K 2—K 4 des Profiles). Diese Reste sind auf allen Seiten von Verwerfungen, die parallel dem Rukwabruch verlaufen, umgrenzt (vgl. Tafel XII). Die Entfernung bis zum Tanganjikasee beträgt in der Luftlinie etwa 80 km.

Die Ausdehnung der Flöze ist verhältnismäßig gering. Das Namwelefeld umfaßt etwa $8^1/_4$ Quadratmeilen (rund 21 qkm). Das Feld von Muse ist $2^1/_4$ Quadratmeilen (5,8 qkm) groß.

Das Namwelevorkommen enthält drei Flöze. Das 1,0 m starke obere Flöz führt nur 39 cm reine Kohlenmächtigkeit. Das mittlere Flöz ist 2,6 m mächtig, davon 1,6 m Kohle, die stark von Pyrit durchsetzt ist. Das untere Flöz ist durch das Auftreten der im allgemeinen für Ostafrika seltenen Kokskohle ausgezeichnet. Das 4,6 m mächtige Flöz enthält 97 cm reine Kohle.

Analysen der Kohlenproben ergaben für Namwele folgende Werte:

	Nach Parkinson %	Nach Doyle %
Feuchtigkeit	10,34	1,50
Flüchtige Bestandteile	31,91	32,26
C	44,45	47,28
Asche	13,30	18,96

Der Schwefelgehalt wurde zu 4,58% bestimmt. Die Kohle besitzt einen Heizwert von 10974—11507 B.T.U. (6090—6386 kcal.)

Die Kohlen von Muse zeigen folgende Zusammensetzung:

	Nach Parkinson %	Nach Doyle %
Feuchtigkeit	6,92	1,50
Flüchtige Bestandteile	25,98	29,39
C	44,95	48,18
Asche	18,55	20,93

Der Schwefelgehalt beträgt 4,63%. Der Heizwert ist 10898—11607 B.T.U. (6048—6441 kcal.).

δ) Tatemya und Usewia („Milumba-Gebiet")

10 bzw. 17 km östlich von Milumba (Tafel XII) an der Straße nach Tabora tritt die Karruformation im Bereiche des Rukwagrabens in zwei kleineren Aufschlüssen an die Oberfläche. Die zutage liegenden

Schichtteile gehören vermutlich den Horizonten K 4 bzw. K 3 zu. Es darf daher angenommen werden, daß in nicht zu großer Tiefe auch hier Kohlenflöze erbohrt werden könnten.

c) Die sonstigen Kohlenfundstellen

Schichten der Ecca- und der unteren Beaufort-Stufe treten in einem vermutlich von Verwerfungen umschlossenen Areal bei Kidodi (rund 85 km in der Luftlinie südlich von Kilosa) auf. Kohlige Schiefer führen hier dünne Lagen von Steinkohle. Die bisher durchgeführten Aufschlußarbeiten haben keine abbauwürdige Lagerstätte nachzuweisen vermocht. Die Ergebnisse der Untersuchungen der Kohlen- und Schieferproben lieferten die folgenden Werte:

Probe	Feuchtigkeit %	Flüchtige Bestandteile %	C %	Asche %	Heizwert	
					B.T.U.	kcal.
Kohlenschmitze	1,77	8,74	54,26	35,23	7040	3907
3″-Kohlenband	1,66	8,71	49,99	39,64	6600	3663
5″-Kohlenband	1,76	9,67	41,10	47,47	5610	3113
Kohlenschiefer	3,13	11,92	30,20	54,75	4620	2564
Bitum. Schiefer	0,94	5,52	13,74	29,80		
Zerdrückter Schiefer	1,80	7,12	0,17	90,91		

Ein geringmächtiges Kohlenflöz ist am Sumbudsifluß, der bei den Pangani-Schnellen in den Rufidji mündet (rund 115 km südsüdöstlich von Morogoro), festgestellt worden.

In Mtschinga, etwa 30 km nördlich von Lindi, treten fingerdicke Schnüre einer lignitischen pechkohlenartigen Braunkohle auf.

Im Bereiche der Karruschichten westlich von Tanga sind einige in Kohle übergegangene Pflanzenreste gefunden worden. Ein eigentliches Kohlenvorkommen ließ sich nicht nachweisen.

14. Bitumen

Am Nordende des Tanganjikasees werden bei Südwind Klumpen einer auf dem Wasser schwimmenden Substanz angeschwemmt, die Tornau als ein erdwachshaltiges Petroleumpech bezeichnet. Die größten Stücke sollen Abmessungen bis zu 40 × 30 × 30 cm besessen haben. Das Material findet sich vornehmlich im äußersten Norden des Sees an der Mündung des Rusisi; seine Verbreitung nach Süden reicht bis zur Missionsstation Karema. Tornau[1]) gibt folgende

[1]) Beiträge zur geologischen Erforschung der deutschen Schutzgebiete. 1913, Heft 6.

Einzelheiten über die Zusammensetzung und das Verhalten der Substanz. Die Analyse ergab:

C	86,43%
H	12,04%
S	0,44%
O	0,69%
Asche	0,40%
	100,00%

Bei einer Destillation nach Engler-Ubbelohde gingen über

bis 150°	2,9 Gewichtsprozente
bei 150—300°	32,5 ,,
Rückstand	64,4 ,,
	100,0 Gewichtsprozente

Die Destillation in der Retorte bis zur Verkokung des Rückstandes ergab

Destillat	77,8%
Rückstand (Koks)	12,5%
Verlust	9,7%
	100,0%

Das Destillat enthält 12,7% Paraffin, also rund 10% in der ursprünglichen Substanz.

Unlöslich in Äther-Alkohol (2 : 1)	59,98%
Unlöslich in Normalbenzin	4,96%

Der Schmelzpunkt liegt bei 50°.

Der Ursprung der Pechklumpen ist noch ungeklärt. An Land ist der Stoff bisher nicht gefunden worden, so daß die Vermutung nahe liegt, daß er unter der Wasseroberfläche des Sees ausstreicht. Möglicherweise kommen die Stinkkalke der Tanganjika (Uha)-Formation als Abstammungsort in Frage. Krenkel vermutet, daß das Erdpech „aus sehr jungen erdölhaltigen Sedimenten im Tanganjikagraben" stammt.

Nach Teale besteht keine Hoffnung auf Ölfunde im Zusammenhang mit dieser bituminösen Substanz. Die in der Karruformation vorkommenden ölführenden Schiefer besitzen gleichfalls keine wirtschaftliche Bedeutung. Proben aus den Distrikten Kidodi und Tanga ergaben nach Teale nur Spuren von Öl.

15. Kopal

Dieses subfossile Produkt ist durch Erhärten des Harzes vom Kopalbaum (Trachylobium mozambicense) im Boden entstanden. Es findet sich in geringen Tiefen von 0,3—0,5 m unter der Oberfläche und wird durch Eingeborene aus dem Sande herausgewühlt. Nach einer Wäsche mit kaustischer Soda liefert es den Ausgangsstoff für die Herstellung feiner widerstandsfähiger Lacke.

Die Vorkommen sind sehr zerstreut und unregelmäßig und eignen sich daher nicht für einen rationellen Gewinnungsbetrieb. An der Oberfläche machen sie sich manchmal durch kleine Luftbläschen bemerkbar, die nach Regen oder starkem Tau aus dem Boden aufsteigen. Die Ausbeute an den einzelnen Fundpunkten ist meist nur sehr spärlich.

Kopal kommt im Hinterland von Sadani, Bagamojo und Lindi vor.

Anhang:

Nutzbare Steine und Erden

Deutsch-Ostafrika verfügt über manche nutzbaren Bodenschätze in Form von Gesteinen und Erden, die für technische und sonstige Bedarfszwecke gut geeignet sind und teilweise bereits Verwendung und Absatz finden.

Am bedeutendsten ist zweifellos die Gewinnung von Baumaterial, und zwar von Bausteinen sowie von Kies, Sand und Ziegelerde. Der statistisch erfaßte Wert der in den Jahren 1929—1937 gewonnenen Baumaterialien steht in Abhängigkeit von den Konjunkturverhältnissen, hat aber seit 1933 eine gewisse Stabilisierung auf einem allerdings niedrigen Niveau erfahren und zeigt seither eine langsam steigende Tendenz. Er entwickelte sich folgendermaßen:

1929	9600 £
1930	6982 £
1931	4075 £
1932	2369 £
1933	1461 £
1934	1946 £
1935	1791 £
1936	2569 £
1937	2834 £

Der geringe Wert des Erzeugnisses läßt, besonders in kolonialen Ländern, eine lohnende Gewinnung von Baumaterial nur in der Nähe der Bauplätze zu, also in unmittelbarer Nachbarschaft von Siedlungen.

In solchen stadtnahen Steinbrüchen, Kies- und Lehmgruben wurden in den Jahren 1934, 1936 und 1937 folgende Mengen von Baustoffen gewonnen:

	Steine		Kies		Sand		Ziegelerde	
	Kubikfuß	cbm	Kubikfuß	cbm	Kubikfuß	cbm	Kubikfuß	cbm
1934	242477	6862	125021	3538	128716	3642	56023	1585
1936	370134	10475	213823	6051	229064	6482	24667	698
1937	451401	12775	256636	7263	465323	13169	27700	784

Diejenigen Gesteine und Erden, denen heute Aufmerksamkeit geschenkt wird und die auch für die Zukunft sicherlich von Bedeutung sein werden, sind in erster Linie Kalke und Marmore, die in großen Mengen im Gebiet Deutsch-Ostafrikas vorkommen. Ferner sind zu nennen Puzzolan, Kieselgur, Gips und Kaolin. Eine gewisse Bedeutung kommt dem Rotocker (Ockererde) als Gebrauchsstoff der Eingeborenen zu.

Kalke und Marmore

Die Verwendung der Kalke beschränkt sich fast ganz auf ihre Ausnützung als Bausteine. Der Korallenkalk der Küste und die Kalke der Uhaserie, die am Ostufer des Tanganjikasees anstehen, werden in Kalkbrennereien verwertet.

Vorläufig wird manches gute Vorkommen wegen seiner Abgelegenheit nicht auszuwerten sein. Schöne Bausteine liefern besonders die verschiedenen Marmorarten des Grundgebirges, so z. B. der dolomitische apatitführende Marmor, der sich südlich von Kissaki in großen Mengen findet. Große Marmorvorräte liegen ferner im Gebiet zwischen Handeni und Korogwe. Auch bei Mikindani und westlich davon sind schöne Schmuckbausteine bekannt.

Quartäre Kalksteine mit etwa 93% $CaCO_3$ finden sich in weiter Verbreitung bei Naberera, etwa 80 Meilen (128 km) südwestlich von Moschi. Von großer Reinheit sind die Nummulitenkalke im Karstgebiet von Lindi. Die jurassischen Kalke im Hinterland von Tanga und die quartären Kalke von Kijingu, etwa 67 Meilen (107 km) westlich Handeni, mögen als Beispiele für Vorkommen erwähnt werden, bei denen besonders günstige Verhältnisse für die Herstellung von Mörtel und Zement vorliegen. Auch Kalke vom Typus des Travertin sind in der Kolonie, besonders in der nördlichen Provinz, zahlreich vorhanden.

Im ganzen sind bisher über 100 verschiedene beachtenswerte Vorkommen von Kalk und Marmor im Gebiet der Kolonie nachgewiesen worden. Wegen der Einzelheiten wird auf die Zusammenstellung von Oates verwiesen.

Der Entwicklung einer bodenständigen Kalk- und Zementindustrie steht Rohmaterial in reichlichem Maße zur Verfügung. Hinderlich ist vor allem der häufige Mangel an Brennstoff und die Transportfrage. Auch die Erschließung billiger Energiequellen für eine spätere Zementindustrie dürfte in manchen Fällen ein schwieriges Problem bilden. Die Beseitigung dieser Hindernisse wird eine wichtige Aufgabe beim Wiederaufbau der Wirtschaft Deutsch-Ostafrikas bilden.

Puzzolan

Eine Probe vulkanischen Staubes, die südwestlich von Aruscha genommen wurde, zeigte gewisse Puzzolaneigenschaften. Sicherlich liegt hier die Möglichkeit vor, bessere, für die Herstellung hydraulischen Mörtels geeignete Vorkommen durch eine genauere Untersuchung festzustellen.

Kieselgur

Kieselgur kommt aufgeschlossen in den Brunnen der Eingeborenen in der großen Mbuga von Ilindi, etwa 40 km nordwestlich von Dodoma vor. Das Lager befindet sich in Tiefen von 2—25 Fuß (0,6 bis 7,5 m) und ist von einem schwarzen Ton überdeckt. Das scheinbare spezifische Gewicht des Materiales beträgt 0,7. Als Filtriermittel ist es gut geeignet.

Im Rukwaseegebiet führen rezente und pleistozäne Sedimente häufig beachtenswerte Mengen von Diatomeenerde. Ein weiterer Fundpunkt von Kieselgur liegt nördlich der Puma-Bergkette an der Bahnstrecke Manjoni—Singida.

Gips

Gips tritt da und dort, vor allem in den marinen Sedimenten des Küstenlandes auf. Jedoch ist über Ausdehnung und Wert der Vorkommen nichts Näheres bekannt.

Kaolin

Auf dem Magoje-Plateau nördlich des Njassasees findet sich weißer Kaolin in einem größeren Gebiet. Das Material stammt aus einem zersetzten Hypersthendiorit (Gabbro) und ist fast gänzlich frei von Quarz und Glimmer. Für eine technische Auswertung der Vorkommen sind die Wasserverhältnisse günstig.

Rotocker

Der von den Eingeborenen zu kosmetischen Zwecken gewonnene Rotocker (Ockererde) kommt hauptsächlich im nördlichen Lavagebiet vor (Aruscha, Lolionde-Distrikt u. a.).

Im Laufe der letzten Jahre wurden folgende Mengen gewonnen:

1934	16 t
1935	30 t
1936	15 t
1937	51 t

Seit 1937 findet auch eine Ausfuhr von Rotocker statt. Der Preis bewegt sich um 4 £ je Tonne.

Literaturverzeichnis

Landeskundliche Verhältnisse

1. Moisel, M., u. P. Sprigade, Großer Deutscher Kolonialatlas. 1 : 1 Mill. Berlin 1903—1906.
2. Koert, W., u. F. Tornau, Zur Geologie und Hydrologie von Daressalam und Tanga. Abh. Preuß. Geol. Landesanstalt, N. F. 1910, H. 63, S. 1.
3. Sprigade, P., u. Moisel, M., Karte von Deutsch-Ostafrika. 1 : 2 Mill. Berlin 1918.
4. Schnee, H., Deutsches Kolonial-Lexikon. 3 Bände. Leipzig 1920.
5. Wade, F. B., Water supplies in the regions between Tabora and Speke Golf. Tang. Terr. Geol. Surv., 1927, Bull. Nr. 1.
6. Wade, F. B., Water supplies for cattle along the Kondoa-Irangi-Handeni-stock route. Tang. Terr. Geol. Surv. 1930, Short Pap. Nr. 5.
7. Arning, W., Deutsch-Ostafrika gestern und heute. Berlin 1936.
8. Tang. Terr., Dept. Lands & Mines, Survey Division: Tanganyika Territory 1 : 2000000. J. Bartholomew & Son Ltd. Edinburgh 1936.
9. Martens, O., u. Karstedt, O., Afrika. Ein Handbuch für Wirtschaft und Reise. 2 Bände. Berlin 1938.
10. Schloifer, O., Bana Uleia. Ein Lebenswerk in Afrika. Berlin 1939.
11. Lange, F., Deutscher Kolonialatlas. 22. Ausg. Berlin 1941.
12. Remy, Dr. Ing., Die Verkehrsentwicklung in den deutsch-afrikanischen Kolonien unter der Mandatsherrschaft. Archiv für Eisenbahnwesen. Reichsverkehrsministerium, Berlin 1940.

Grundzüge des geologischen Baus

13. Stromer von Reichenbach, E., Die Geologie der deutschen Schutzgebiete in Afrika. 1896.
14. Bornhardt, W., Geographische und geologische Mitteilungen über das deutsche Nyassa-Gebiet auf Grund eigener Reisen. Verh. Ges. f. Erdk. Berlin 1899, Bd. 26, S. 437.
15. Bornhardt, W., Zur Oberflächengestaltung und Geologie Deutsch-Ostafrikas. Berlin 1900.
16. Kronkol, E., Zur Geologie des zentralen Ostafrika. Geol. Rundsch. 1910, Bd. I, S. 205, 268.
17. Tornau, F., Zur Geologie des mittleren und westlichen Teiles von Deutsch-Ostafrika. Beitr. z. geol. Erf. Dtsch. Schutzgeb. 1913, H. 6.
18. Scholz, E., Beiträge zur Geologie des südlichen Teiles Deutsch-Ostafrikas. Mitt. a. d. Dtsch. Schutzgeb. 1914, Bd. 27, S. 49.

19. Behrend, F., Die Stratigraphie des östlichen Zentralafrika. Beitr. z. geol. Erf. Dtsch. Schutzgeb. 1918, H. 15.
20. Teale, E. O., Geological Survey of Tanganyika Territory. Final Report. London 1922.
21. Henry, J., La région des grands lacs (lac Edouard, lac Kivu et Nord du lac Tanganika). Ann. Soc. géol. belg. 1924, Bd. 47, S. 138.
22. Krenkel, E., Geologie Afrikas. Berlin 1925, Bd. I.
23. Teale, E. O., Provisional geological map of Tanganyika with explanatory notes. With map in 1 : 3 Mill. Tang. Terr. Geol. Surv. 1936, Bull. Nr. 6 (revised edition).
24. Brennich, G., Neuere Ergebnisse der geologischen Erforschung von Ostafrika. Geol. Rundsch. 1937, Bd. 28, H. 3/4, S. 298.
25. Cloos, H., Stratigraphische Tabelle des Tanganyika-Gebiets. (Vereinfacht nach F. B. Wade, 1936.) Geol. Rundsch. 1937, Bd. 28, H. 3/4, S. 328.
26. Hennig, E., Die geologische Erschließung Deutsch-Ostafrikas in der Nachkriegszeit. Z. Dtsch. Geol. Ges. 1937, Bd. 89, H. 8/9, S. 509.
27. Wade, F. B., A stratigraphical classification and table of Tanganyika Territory. Tang. Terr. Geol. Surv. 1937, Bull. Nr. 9.
28. Hennig, E., Afrika (ohne Atlasländer und Madagaskar) nebst Arabien. Regionale Geologie der Erde, Bd. 1, Abschn. V, Leipzig 1938.
29. Wade, F. B., u. Oates, F., An Explanation of Degree Sheet Nr. 52 (Dodoma). Tang. Terr. Dept. Lands & Mines, Geol. Div. 1938, Short Pap. Nr. 17.
30. Temperley, B. N., Geology of the Country around Mpwapwa, Tanganyika Territory. Tang. Terr. Dept. Lands & Mines, Geol. Div. 1938, Short Pap. Nr. 19.
31. Stockley, G. M., Geology of parts of the Tabora, Kigoma and Ufipa District North West of Lake Rukwa. Tang. Terr. Dept. Lands & Mines, Geol. Div. 1938, Short Pap. Nr. 20.
32. Krenkel, E., Geologie der deutschen Kolonien in Afrika. Berlin 1939.
33. Eades, N. W., u. Reeve, W. H., Explanation of the Geology of the Degree Sheet 29 (Singida). Tang. Terr. Dept. Lands & Mines, Geol. Div. 1939, Bull. Nr. 11.
34. Krenkel, E., Der geologische Bau der deutschen Kolonien. Deutscher Boden, Bd. 11. Berlin 1940.

Minerallagerstätten
(Allgemeines)

35. Lieder, Über das Vorkommen technisch verwertbarer Mineralien im deutschostafrikanischen Kolonialgebiete auf Grund eigener Untersuchungen. Dtsch. Kolonialbl. 1892, S. 466.
36. Bornhardt, W., Über die bergmännischen und geologischen Ergebnisse seiner Reisen in Deutsch-Ostafrika. Z. Dtsch. Geol. Ges. 1898, Bd. 50, S. 59.
37. Dantz, A., Die Reisen der Bergass. Dr. Dantz in Deutsch-Ostafrika in den Jahren 1898—1900. Mitt. a. d. Dtsch. Schutzgeb. 1902, S. 34, 139, 189; 1903, S. 108, 183.
38. Schmeißer, Über geologische Untersuchungen und die Entwicklung des Bergbaus in den deutschen Schutzgebieten. Z. f. prakt. Geol. 1906, S. 76.
39. Moisel, M., Karte von Deutsch-Ostafrika 1 : 2 Mill., mit Angabe der nutzbaren Bodenschätze. Berlin 1907.

40. Tornau, F., Die nutzbaren Mineralvorkommen, insbesondere die Goldlagerstätten Deutsch-Ostafrikas. Z. Dtsch. Geol. 1907, Monatsber. 3, S. 59.
41. Ernst, Die nutzbaren Lagerstätten Deutsch-Ostafrikas. Glückauf 1909, S. 1341.
42. Gagel, K., Die nutzbaren Lagerstätten Deutsch-Ostafrikas. Glückauf 1909 S. 1029.
43. Kuntz, J., Aussichten für den Bergbau in den deutschen Kolonien. Kol.-Wirtsch. Komitee 1909, S. 12.
44. Kuntz, J., Über Bergbau. 1909, S. 213.
45. Kuntz, J., Bergbau in den Kolonien. Verh. Kol.-Techn. Komm. des Kol.-Wirtsch. Komitees. 1912, Nr. 1, S. 7.
46. Koert, W., Ergebnisse der neueren geologischen Erforschung in den afrikanischen Schutzgebieten. Beitr. z. geol. Erf. Dtsch. Schutzgeb. 1913, H. 1.
47. Kuntz, J., Die Fortschritte des Bergbaus in den Kolonien. Kol.-Wirtsch. Komitee, Berlin 1913, Nr. 1, S. 52.
48. Schumacher, F., Die bergbauliche Entwicklung Mittelafrikas. Metall u. Erz, 1919, S. 63.
49. Schumacher, F., Mittelafrika und seine Bodenschätze. IX. Ber. Freiberger Geol. Ges. 1923, S. 24—27.
50. Francke, P., Die bergbauliche Entwicklung des Tanganyika Territoriums (Deutsch-Ostafrika). Glückauf 1924, Bd. 60, S. 1086.
51. Range, P., Ostafrikas Bergbau im Jahre 1926. Der Kolonialdeutsche 1928, Nr. 3, S. 37.
52. The mineral resources of Tanganyika. Min. Journal, London 1928, S. 342.
53. Teale, E. O., Tanganyika Territory, its Geology and mineral Resources. Min. Mag. 1928, Vol. 38, p. 331; Vol. 39, p. 9 u. 75.
54. Um die Bodenschätze Tanganyikas. Metall u. Erz 1929, S. 135.
55. Bullock, S. C., Mineralised Zones in East Africa. Min. Mag. 1930, Vol. 42, p. 269.
56. Gold, Coal and Diamonds in Tanganyika. S. Afr. Min. Eng. J. 1932, Vol. 43, I., p. 9.
57. Parkinson, Das Tanganyikagebiet als Mineralaktivposten. (Nach Empire Review 1933, Bd. XI.) Die Auslese 1934, Nr. 1.
58. Tanganyika Territory. Geological Survey. Annual Report. 1928, 1929, 1930, 1931.
58a. Tanganyika Territory. Dept. Geol. Survey. Annual Report 1932, 1933, 1934.
59. Tanganyika Territory. Department of Lands and Mines. Geological Division. Annual Reports 1935, 1936, 1937.
60. Benham, A. K., Mining in East Africa. Min. Mag. 1935, Vol. 53, p. 345.
61. Mining Progress in Tanganyika. Min. Journ. London 1935, Vol. 190/191, II., p. 713.
62. Range, P., Geologie und Bergbau der deutschen Schutzgebiete in Afrika und in der Südsee. Tropenpflanzer 1935, Nr. 2, S. 47.
63. Range, P., Mineralfunde und Bergbau in den deutschen Schutzgebieten in Afrika und in der Südsee. Kol. Rundsch. 1936, H. 3.
64. Friedensburg, F., Bodenschätze und Bergbau der ehem. deutschen Schutzgebiete. Technik u. Wirtschaft 1938, S. 81.
65. Klingner, F. E., Geologischer Bau und Mineralschätze der deutschen Kolonien in Afrika und in der Südsee. Berlin 1938.

66. Müller, W., Bodenschätze unserer Kolonien. Der Querschlag 1938, Folge 2, S. 26.
67. Range, P., Die geologischen Verhältnisse in den deutschen Kolonien mit besonderer Berücksichtigung der Mineralvorkommen. Metallwirtschaft 1938, Bd. XVII, Nr. 51, S. 1374.
68. Range, P., Die Mineralvorkommen der deutschen Schutzgebiete in Afrika und in der Südsee. Z. f. prakt. Geol. 1938, S. 139.
69. Range, P., Die Entwicklung des Bergbaus in den unter Mandatsverwaltung stehenden deutschen Schutzgebieten. Ber. d. Dtsch. Keramischen Ges. 1938, H. 19, S. 145.
70. Schumacher, F., Mineralische Rohstoffe der deutschen Kolonien unter besonderer Berücksichtigung der Metallerze. Metallwirtschaft 1938, Bd. XVII, S. 399.
71. Tanganyika Territory. Mining Publicity Pamphlet. Daressalam 1938.
72. Range, P., Der Bergbau der deutschen Schutzgebiete in Afrika und in der Südsee. Umschau in Wiss. u. Technik 1939, 43. Jahrg., S. 6.
73. Range, P., Heutiger Bergbau Deutsch-Ostafrikas. Tropenpflanzer 1939, Bd. 42, S. 59.
74. Schumacher, F., Die mineralischen Rohstoffe des deutschen Kolonialreichs. Deutsche Bergwerkszeitung 1940, Nr. 232, 233, 237.

Statistik

75. Report to the Council of the League of Nations on the Administration of the Tanganyika Territory for the year ... Jahrgg. 1936 u. 1937. London 1937 u. 1938.
76. Rapport sur l'administration belge du Ruanda-Urundi pendant l'année ... présenté aux chambres par M. le Ministre des Colonies. Jahrgg. 1934 u. 1938. Bruxelles 1935 u. 1939.
77. Rapport au Conseil de la Société des Nations au sujet de l'administration du Ruanda-Urundi pendat l'année ... Jahrgg. 1935, 1936 u. 1937. Bruxelles 1936, 1937 u. 1938.
78. Tanganyika Territory. Trade Report for the year 1938. Daressalam 1939.
79. Recueil Financier 1939. Bruxelles 1939.
80. Statistische Angaben. The Tanganyika Standard, 13. Dec. 1939.
81. Bulletin of the Imperial Institute 1939, Vol. XXXVII, Nr. 1 u. 2.

Die Goldvorkommen

82. Futterer, K., Afrika in seiner Bedeutung für die Goldproduktion. Berlin 1895.
83. Gold in Ostafrika. Allg. Ztg. München 1895, Nr. 199.
84. Tornau, F., Die Goldvorkommen Deutsch-Ostafrikas. Ber. f. d. Land- u. Forstwirtschaft Deutsch-Ostafrikas. 1905, Bd. II, H. 5, S. 265.
85. Kuntz, J., Beitrag zur Geologie der Hochländer Deutsch-Ostafrikas mit besonderer Berücksichtigung der Goldvorkommen. Z. f. prakt. Geol. 1909, S. 205.
86. Kuntz, J., Bericht über Goldvorkommen bei Ikoma. Centralafrikanische Bergwerksgesellschaft. Berlin, 11. Mai 1912.
87. Barnitzke, J. E., Aussichten des Goldbergbaus im Gebiet des Victoria-Sees. Metall u. Erz 1913, Bd. X, H. 30, S. 963.
88. Ein neues Goldvorkommen in Ostafrika. Metall u. Erz 1925, S. 437.

89. German Gold Mine in Tanganyika. S. Afr. Min. Eng. J. July 1927.
90. Wade, F. B., Outlines of the geology of the regions adjoining the south-eastern shores of Lake Victoria. Tang. Terr. Geol. Surv. 1928, Short Pap. Nr. 1.
91. Grantham, D. R., Lupa Gold Field, Tanganyika Territory. Tang. Terr. Geol. Surv. 1928. Short Pap. Nr. 2.
92. Gold in Tanganyika Territory. S. Afr. Min. Eng. J. 1930, Vol. 41, I, p. 669.
93. Grantham, D. R., The Lupa River Goldfield. Min. Mag. 1931, Vol. 45, p. 265.
94. Gold mining in Tanganyika. S. Afr. Min. Eng. J. 1931, Vol. 42, II, p. 142, 167.
95. The Lupa Goldfield. S. Afr. Min. Eng. J. 1931, Vol. 42, I, p. 18 u. 605.
96. Sekenke Goldmine. S. Afr. Min. Eng. J. 1931, Vol. 42, p. 315.
97. Tanganyika Gold Find. S. Afr. Min. Eng. J. 1931, Vol. 42, I, p. 620.
98. Allmaras, Fr., Der Goldbergbau im Mandatsgebiete Ostafrika. Kol. Rundsch. 1933, Nr. 1/2, S. 45.
99. Goldfunde im Liwale Distrikt. Metall u. Erz 1933, S. 467.
100. Bolt, J. P., Sekenke Goldmine, Tanganyika Territory. Min. Mag. 1933, Vol. 49, p. 19.
101. Grantham, D. R., Bemerkungen zu: Bolt, Sekenke Mine. Min. Mag. 1933, Vol. 49, p. 223.
102. Grantham, D. R., The Eastern Extensions of the Lupa Gold Field. Tang. Terr. Geol. Surv. 1933, Short Pap. Nr. 11.
103. A new Goldfield in Tanganyika Territory. S. Afr. Min. Eng. J. 1933/34, Vol. 44, II, p. 145.
104. Flückiger, O., Die Goldfelder am Lupa. Mitt. Geogr-Ethnogr. Ges. Zürich 1934, Bd. 34.
105. Teale, E. O., Lupa Goldfield. Min. Mag. 1934, Vol. 51, p. 90.
106. Tanganyika Gold. Min. Mag. 1934, Vol. 50, p. 350.
107. Gold in East Africa. Min. Mag. 1934, Vol. 51, p. 197.
108. Doyle, A. G., Sanza Goldfield, Tanganyika Territory. Min. Mag. 1934, Vol. 51, 201.
109. Grantham, D. R., Lupa Goldfield. Tang. Terr. Geol. Surv. 1932, Bull. Nr. 3 (2 nd Impression 1934).
110. Wade, F., The Saragura and the associated Gold occurrences of the Mwanza area. Tang. Terr. Geol. Surv. 1934, Short Pap. Nr. 12.
111. Gold Mining Progress in Tanganyika. S. Afr. Min. Eng. J. 1934, Vol. 45, I, S. 176.
112. Mining in Kenya and Tanganyika. S. Afr. Min. Eng. J. 1934, Vol. 45, I, p. 373 u. 479.
113. Oates, F., Gold in the Lupa Field. Eng. Min. Journ. 1934, Vol. 135, p. 51.
114. Gold in Tanganyika Territory. S. Afr. Min. Eng. J. 1934/35, Vol. 45, II, p. 29.
115. Great Gold Possibilities of Kenya and Tanganyika. S. Afr. Min. Eng. J. 1934/35, Vol. 45, II, p. 27.
116. Gute Goldfunde in Tanganyika? Metall u. Erz 1935, S. 351.
117. Mining in East Africa. Min. Mag. 1935, Vol. 53, p. 195.
118. Stockley, G. M., The Musoma Gold Fields, Tanganyika Territory. Min. Mag. 1935, Vol. 53, p. 9.
119. Wade, F. B., Mwanza Area. Min. Mag. 1935, Vol. 52, p. 61.
120. Lane, C. E., The Gold Prospects of Tanganyika. Min. Journ. London 1935, Vol. 190/91, S. 613.

121. Teale, E. O., Gold Occurrences of Tanganyika Territory. Min. Journ. London, Oct. 1935.
122. Stockley, G. M., Outline of the Geology of the Musoma District. Tang. Terr. Geol. Surv. 1935, Bull. Nr. 7.
123. Teale, E. O., Eades, N. W. and Oates, F., The Eastern Lupa Goldfield. Tang. Terr. Geol. Surv. 1935, Bull. Nr. 8.
124. Quartz reefs principal gold source in Musoma Field, Tanganyika. Eng. Min. Journ. 1935, Vol. 136, Nr. 6, p. 285.
125. Gold in East Africa. Chisholm, Hanke & Co., London 1935.
126. Stier, K., Die neuen Goldfelder Deutsch-Ostafrikas und die Entwicklung des dortigen Goldbergbaus. Metall u. Erz 1936, S. 317.
127. Stockley, G. M., Geology of the south and south-eastern regions of the Musoma-District. Tang. Terr. Geol. Surv. 1936, Short Pap. Nr. 13.
128. Aubel, R. van, Sur la filiation génétique des gîtes d'or et d'étain de l'Afrique Centrale. Ann. Soc. géol. Belg. 1936, Tome LIX, p. c. 35.
129. Teale, E. O., Gold Mining in Tanganyika. S. Afr. Min. Eng. J. 1936, Vol. 47, I, p. 533.
130. Alluvial Gold in Tanganyika. S. Afr. Min. Eng. J. 1936/37, Vol. 47, II, p. 99.
131. Stier, K., Die neuentdeckten Lupa-Goldfelder in Deutsch-Ostafrika und die Entwicklung der dortigen Goldindustrie. XVI. Ber. Freiberger Geol. Ges. 1937, S. 27.
132. Eades, N. W., Geology of the Iramba Plateau. Tang. Terr. Geol. Surv. 1936, Short Pap. Nr. 15.
133. Ludlam Ramsden, R., The Mrangi Goldfields Property, Musoma District, Tanganyika Territory. Min. Mag. 1937, Vol. 57, p. 83.
134. Mackay, R. A., Lupa Goldfield. Journ. Chem. Met. Min. Soc. S. Afr. 1937. Sept.
135. Tyler, W. H., The South-West Mwanza Goldfield, Tanganyika. Min. Mag. 1937, Vol. 56, p. 137.
136. Wade, F. B., Hints on Prospecting and Working Alluvial Deposits. Tang. Terr. Dept. Lands & Mines, Geol. Div. 1937. Short Pap. Nr. 16.
137. Tanganyika Gold Prospects. S. Afr. Min. Eng. J. 1937/38, Vol. 48, II, p. 808.
138. Skerl, A. C., and Oates, F., Geology of the North Ilunga Area. Tang. Terr. Dept. Lands & Mines, Geol. Div. 1938, Short Pap. Nr. 18.
139. Stockley, G. M., Outline of the Geology of the Uruwira Mineral Field, Tanganyika. Tang. Terr. Dept. Lands & Mines, Geol. Div. 1939, Short Pap. Nr. 22.
140. Gallagher, D., A preliminary account of the geology of a part of the Lupa Goldfield. Econ. Geol. 1939, Nr. 3, p. 243.
141. Roberts, R. O., Mwanza Goldfield Geology. Min. Mag. 1939, Vol. 60, p. 137.

Weitere Angaben über die Goldvorkommen finden sich in Lit.-Nr. 10, 13, 15, 19, 23, 24, 29, 32, 36, 38, 40—53, 55—74, 151, 152, 156.

Die Zinnvorkommen

142. Delhaye, F., et Salée, A., Carte géologique de l'Urundi et du Ruanda. 1 : 200000. Mission géologique et minière de la Banque de Bruxelles. Campagne de 1921/22.
143. Combe, A. D., Tin in Tanganyika and Uganda (Report). Min. Mag. 1927, Vol. 36, p. 369.

144. Tin Deposits in Uganda and Tanganyika Territory. Geogr. Journ. 1927, Vol. LXX, Nr. 4, p. 410.
145. Webb, A. L., Tin Areas of East Africa. Min. Mag. 1927, Vol. 37, p. 87.
146. Zinn in Ostafrika. Metall u. Erz 1928, S. 100.
147. Tin in East Africa. S. Afr. Min. Eng. J. 1930, Vol. 41, I, p. 454.
148. Thoreau, J., Les intrusions granitiques du Ruanda stannifère. C. R. Congr. Int. Géol. appl., Liège 1930, p. 139.
149. Salée, A., Carte géologique de l'Urundi méridional et constitution géologique de Ruanda oriental. Mém. Inst. géol., Université de Louvain 1932, Tome IV.
150. Stheeman, H. A., The Geology of Southwestern Uganda. With special reference to the stanniferous deposits. Hague 1932.
151. Fontainas, P., et Ansotte, M., Perspectives minières de la région comprise entre le Nil, le Lac Victoria et la frontière du Congo belge. Inst. Roy. Colon. Belge. Sect. Sc. nat. et méd., Mém. in 4⁰. 1. fasc. 5, 1932.
152. Lombard, J., Les grandes minéralisations de l'Afrique sud-équatoriale et la géologie régionale. Chron. mines colon. 1933, Nr. 2, p. 3—21, 67—85.
153. Ruanda Urundi Tin Deposits. S. Afr. Min. Eng. J. 1933/34, Vol. 44, II, p. 326.
154. Die Entwicklung des Zinnbergbaus in Deutsch-Ostafrika. Metallwirtschaft 1936, Bd. 15, S. 643.
155. Stockley, G. M., and Williams, G. J., Karagwe Tinfields. Tang. Terr. Dept. Lands & Mines, Geol. Div. 1938, Bull. Nr. 10.
156. Fontainas, P., Les exploitations minières de Haute Montagne au Ruanda Urundi. Inst. Roy. Colon. Belge, Sect. Sc. Techn., Bruxelles 1938, Mém., Coll. in 8⁰, T. I, fasc. 4.

Weitere Angaben über die Zinnvorkommen finden sich in Lit.-Nr. 23, 32, 49, 51—55, 57—74, 128.

Blei-Zink-Silbererze

Angaben finden sich in Lit.-Nr. 13, 23, 32, 58 (1931), 59 (1935, 1937), 62, 67, 69, 73, 88, 139.

Kupfererze

157. Stockley, G. M., Kigugwe Copper Deposits, near Brandt's. Tang. Terr. Geol. Surv. 1928, Short Pap. Nr. 3.
158. Bridges, R. J., Some Igneous Rocks near Kidete, Tanganyika, and associated development of Copper Ore. Trans. Geol. Soc. S. Afr. 1935, Vol. 38, p. 1—28.

Weitere Angaben finden sich in Lit.-Nr. 13, 17, 19, 23, 32, 35, 37 (1902), 44, 46, 52, 53, 58 (1928, 1929, 1931, 1932), 62, 65, 139.

Kiese

Angaben finden sich in Lit.-Nr. 58 (1931), 161.

Eisenerze

159. Schmidt, C., Über das Gebirgsland von Usambara. Z. Dtsch. Geol. Ges. 1886, S. 450.
160. Kirschstein, E., Geologischer Tätigkeitsbericht von der Expedition S. H. des Herzogs Adolf Friedrich zu Mecklenburg. Mitt. a. d. Dtsch. Schutzgeb. 1908, Bd. 21, S. 168.

161. Baum, Eisen- und Titanvorkommen in Usambara. Stahl u. Eisen 1909, Bd. XXIX, S. 1619.
162. Koert, W., Eisenerzlagerstätten der deutschen Kolonien usw. The Iron Ore Resources of the World. Stockholm 1910.
163. Oswald, F., The Miocene beds of the Victoria Nyanza and the Geology of the country between the Lake and the Kish-highlands. Quart. Journ. Geol. Soc. 1914, Vol. 70, part 2, p. 128.
164. Koert, W., Der Krusteneisenstein in den deutsch-afrikanischen Schutzgebieten, besonders in Togo und im Hinterland von Tanga (Deutsch-Ostafrika). Beitr. z. geol. Erf. Dtsch. Schutzgeb. 1916, H. 13.
165. Iron ores in British Africa. Min. Mag. 1922, Vol. 27, p. 248.
166. Beetz, W., Klimaschwankungen und Krustenbewegungen in Afrika südlich des Äquators von der Kreidezeit bis zum Diluvium. Geogr. Ges. Hannover 1938, Sonderveröffentl. III.

Weitere Angaben finden sich in Lit.-Nr. 13, 15, 23, 32, 37 (1902, 1903), 40, 42, 46, 52, 58 (1928), 62, 65, 68.

Manganerze

Angaben finden sich in Lit.-Nr. 23, 32, 40, 42, 53, 58 (1928, 1933).

Chromerze

Angaben finden sich in Lit.-Nr. 23, 31, 58 (1931/33), 59 (1937), 93.

Nickelerze

Angaben finden sich in Lit.-Nr. 23, 32, 50, 58 (1931, 1932), 65.

Wismuterze

Angaben finden sich in Lit.-Nr. 58 (1931).

Molybdänerze

Angaben finden sich in Lit.-Nr. 38, 53, 62, 70.

Uranerze

167. Marckwald, W., Über Uranerze aus Deutsch-Ostafrika. Zentralbl. f. Min. usw. 1906, S. 761.
168. Marckwald, W., Über Uranmineralien aus Deutsch-Ostafrika. Verh. Ges. D. Naturf. u. Ärzte 1906 (1907), Bd. 78, S. 106.
169. Uranvorkommen in Deutsch-Ostafrika. Z. f. prakt. Geol. 1907, S. 69.
170. Marckwald, W., Über Uranerze aus Deutsch-Ostafrika. N. Jahrb. f. Min. 1910, I, S. 3.
171. Brauns, R., Ein großer Uranpecherzkristall aus Deutsch-Ostafrika. Zentralbl. f. Min. usw. 1911, S. 689.
172. Haberlandt, H., Mikroskopische Untersuchung eines Morogoro-Erzes im auffallenden Licht. Mitt. Inst. f. Radiumforsch. 295. Akad. d. Wiss., Wien 1932, IIa, 141, S. 529.

Weitere Angaben finden sich in Lit.-Nr. 32, 38, 40, 41, 46, 58 (1929, 1931, 1933), 62, 65.

Edel- und Halbedelsteine

173. Dantz, A., Deutsch-Ostafrikanische Granaten. Dtsch. Kolonialbl. 1900, S. 321.
174. Diamanten in Ostafrika. Metall u. Erz 1925, S. 389.
175. Beetz, W., Process of Concentration in Alluvial and Allied Diamond Placers of South West, South, Central and East Africa. Congrès Intern. des Mines etc. 6me Session, Liège 1930.
176. Teale, E. O., Shinyanga Diamond Fields. Tang. Terr. Geol. Surv. 1931, Short Pap. Nr. 9.
177. Stockley, G. M., Notes on the mineral deposits in the Newala-Lindi Area. Tang. Terr. Geol. Surv. 1931, Short Pap. Nr. 7.
178. Teale, E. O., Kimberlite and associated occurrences of the Iramba Plateau. Tang. Terr. Geol. Surv. 1932, Short Pap. Nr. 10.
179. Stutzer, O., u. Eppler, W. Fr., Die Lagerstätten der Edelsteine und Schmucksteine. Berlin 1935.
180. Tanganyika Diamond Exports. S. Afr. Min. Eng. J. 1936/37, Vol. 47, II, p. 99.
181. World Production of Diamonds. S. Afr. Min. Eng. J. 1938/39, Vol. 49, II, p. 121.

Weitere Angaben finden sich in Lit.-Nr. 15, 23, 32, 36, 37 (1902), 38, 40—42, 46, 51—53, 55, 58 (1929/34), 62, 63, 59 (1935/37), 64, 65, 67, 69, 70, 73.

Graphit

182. Lommel, Graphitgneis aus dem Ulugurugebirge. Der Pflanzer 1908, Bd. IV, S. 233.
183. Stutzer, O., Über Graphitgneise aus dem Hinterland von Lindi in Deutsch-Ostafrika. Z. Dtsch. Geol. Ges. 1910, Bd. LXII, S. 421.

Weitere Angaben finden sich in Lit.-Nr. 13, 15, 23, 32, 35, 38, 42, 46, 52, 53, 58 (1929, 1931, 1934), 62, 92, 177.

Glimmer

184. Kiepert, R., u. Moisel, M., Die Uluguruberge in Deutsch-Ostafrika mit den angrenzenden Landschaften. Karte 1 : 150000. Mitt. a. d. Dtsch. Schutzgeb. 1896, Kt. 4.
185. Tornau, F., Glimmer in Deutsch-Ostafrika. Dtsch. Kolonialbl. 1906, Bd. XVII, S. 677.
186. Vom Bergbau in Uluguru. Usambara Post, Tanga, 5. XII. 1908.
187. Range, P., Neue Glimmerlagerstätten in Deutsch-Ostafrika. Z. Dtsch. Geol. Ges. 1912, S. 372.
188. Nottmeyer, O., Die Glimmer-Pegmatit-Vorkommen der Tchensema-Syndicate Limited im Ulugurugebirge und die Aussichten einer bergmännischen Gewinnung von Nutzglimmer. Uluguru Mica Co. Tchensema, Mai 1933. Nicht veröffentlicht.

Weitere Angaben finden sich in Lit.-Nr. 15, 23, 31, 32, 35, 36, 37 (1902), 38, 40—42, 46—48, 50, 53, 58 (1929, 1931), 61—63, 59 (1936, 1937), 65, 67, 69, 70, 73.

Asbest

189. Stappenbeck, R., Über den Anthophyllitasbest bei Morogoro in Deutsch-Ostafrika. Z. f. prakt. Geol. 1932, Bd. XL, S. 49.

Weitere Angaben finden sich in Lit.-Nr. 23, 32, 58 (1929, 1931, 1932), 62, 65, 93.

Korund

Angaben finden sich in Lit.-Nr. 23, 29, 32, 53, 58 (1931, 1933, 1934).

Bauxit

Angaben finden sich in Lit.-Nr. 32, 62, 68.

Magnesit

Angaben finden sich in Lit.-Nr. 23, 32, 53, 58 (1931, 1932), 65.

Baryt

Angaben finden sich in Lit.-Nr. 32, 53.

Apatit

Angaben finden sich in Lit.-Nr. 23, 32, 58 (1929, 1931), 177.

Phosphat

Angaben finden sich in Lit.-Nr. 32, 58 (1931, 1932).

Guano

Angaben finden sich in Lit.-Nr. 15, 23, 58 (1933, 1934), 59 (1936, 1937), 73.

Salze

190. Peters, K., Bericht über die Minerallager am Kilimandjaro. Dtsch. Kolonialblatt 1892, S. 141.
191. Herrmann, Über Salzgewinnung in Uniamwesi. Dtsch. Kolonialbl. 1908, Bd. XIX, S. 21.
192. Ernst, Salzvorkommen und Salzgewinnung in Deutsch-Ostafrika. Glückauf 1909, S. 1260.
193. Ernst, Der Natronsee in Deutsch-Ostafrika. Glückauf 1911, S. 827.
194. Grantham, D. R., u. Orr, D., Some salt lakes of the Northern Rift Zone. Tang. Terr. Geol. Surv. 1931, Short Pap. Nr. 8.

Weitere Angaben finden sich in Lit.-Nr. 10, 15, 17, 23, 32, 37 (1902), 40—42, 46—48, 51—53, 58 (1936, 1937), 65, 67, 68, 69, 70, 73, 109, 140.

Steinkohlenvorkommen

195. Merensky, A., Der Kohlenfund in Deutsch-Ostafrika. Dtsch. Kolonialztg. 1896.
196. Hauchecorne, Über die Entdeckung von Kohlenlagern am Nyassa. Z. Dtsch. Geol. Ges. 1896, Bd. 48, S. 990.
197. Bornhardt, W., Über nutzbare Lagerstätten Deutsch-Ostafrikas. Z. f. prakt. Geol. 1896, S. 475; 1898, S. 151; 1899, S. 217.
198. Sprigade, P., Karte der Reisen des Bergassessors W. Bornhardt im Nordwesten des Nyassa-Sees. Mitt. a. d. Dtsch. Schutzgeb. 1898, Bd. XI, S. 172, Karte 4.

199. Dantz, A., Aus einem Bericht des Bergassessors Dantz über die Steinkohlenlagerstätte am Kandetebach, nordwestlich des Nyassa-Sees. Dtsch. Kolonialbl. 1900, S. 135.
200. Schwabe, Die Deutsch-Ostafrikanische Südbahn und die Steinkohlenfunde am Kiwira-Flusse. Glückauf 1905, S. 1382.
201. Schwabe, Das Kiwira-Steinkohlenvorkommen in Ostafrika. Glückauf 1911, S. 1290.
202. Janensch, W., Beitrag zur Kenntnis der Karru-Schichten im östlichen Deutsch-Ostafrika. Paläontogr. Suppl. 1927, Bd. VII, S. 109.
203. Mennell, E. P., The Karroo-System in East- and Central-Africa. 15. Int. Geol. Kongr. Südafrika 1929. Pretoria 1930, p. 263.
204. Stockley, G. M., and Oates, F., The Ruhuhu Coalfields. Min. Mag. 1931, Vol. 45, p. 73.
205. Coal in Tanganyika. S. Afr. Min. Eng. J. 1930/31, Vol. 41, II, p. 134.
206. Stockley, G. M., and Oates, F., Report on the Geology of the Ruhuhu Coalfield. Tang. Terr. Geol. Surv. 1931, Bull. Nr. 2.
207. Stockley, G. M., Geology and Palaeontology of the Ruhuhu-coalfields. Quart. Journ. Geol. Soc. London 1932, S. 610.
208. Coal in East Africa. S. Afr. Min. Eng. J. 1935/36, Vol. 46, II, p. 35.
209. Stockley, G. M., A further contribution on the Karroo rocks of Tanganyika Territory. Quart. Journ. Geol. Soc. London 1936, I, S. 1.
210. Nowack, E., Zur Kenntnis der Karru-Formation im Ruhuhu-Graben. N. Jahrb. f. Min. usw. 1937, B., S. 380.
211. Coal in Tanganyika. S. Afr. Min. Eng. J. 1938/39, Vol. 49, II, p. 58.

Weitere Angaben finden sich in Lit.-Nr. 15, 19, 20, 31, 32, 36, 40, 42, 50, 52, 53, 56, 58 (1930, 1931, 1934), 61—63, 59 (1935—37), 65, 140.

Bitumen

Angaben finden sich in Lit.-Nr. 17, 32, 46, 53, 58 (1932).

Kopal

212. Kopal aus Ostafrika. Z. f. prakt. Geol. 1894, S. 479.
213. Chopard, L., Orthoptères fossiles et subfossiles de l'Ambre et du Copal. Ann. Soc. Entomol. Franç. 1936, Tome 105, p. 375.

Weitere Angaben finden sich in Lit.-Nr. 23, 40—42, 46, 65.

Nutzbare Steine und Erden

214. Oates, F., The limestone deposits of Tanganyika Territory. Tang. Terr. Geol. Surv. 1933, Bull. Nr. 4.

Weitere Angaben finden sich in Lit.-Nr. 15, 23, 32, 52, 58 (1930, 1931, 1933), 59 (1936, 1937), 62, 63, 67, 69, 73.

Mitteilungen der Gruppe Deutscher Kolonialwirtschaftlicher Unternehmungen

Ferner sind bisher erschienen:

BAND 1

H. Fink und W. Kleber, **Zur Frage der Bananen-Verwertung.** / Walter Domke, **Bericht über die Reise nach Kamerun (Botanische Untersuchungen)** / Herbert Buhr, **Bericht über die Reise nach Kamerun (Pflanzenpathologische Untersuchungen)** / Kurt Utescher, **Chemische Untersuchungen von Kamerunböden**

Umfang: VI, 229 Seiten. Mit 66 Abbildungen und 25 Tafeln. 1939. Preis RM 4.—

BAND 2

Ernst Fickendey, **Über die zweckmäßige Betriebsintensität bei tropischen Plantagen** / Paul Vageler, **Die sachgemäße Entnahme von Bodenproben, ihre Untersuchung und die praktische Auswertung der Untersuchungsergebnisse** / Paul Vageler, **Die Böden Westafrikas vom Standpunkt der Catenamethode. I.** / W. Semmelhack, **Die Verteilung der Niederschläge im Gebiet um das Kamerungebirge** / Fritz Behrend, **Der geologische Bau von Kamerun** / Walter Domke, **Botanische Untersuchungen in Kamerun 1938,** Teil 2.

Umfang: V, 295 Seiten. Mit 26 Abbildungen im Text, 7 Tafeln und 4 Karten. 1940. Preis RM 8.—

BAND 4

Ernst Fickendey, **Eingeborenenkultur und Plantage.** Mit 2 Kartenskizzen. 1941. Preis RM 2.50

Weitere Bände befinden sich in Vorbereitung

VERLAG WALTER DE GRUYTER & CO., BERLIN W 35

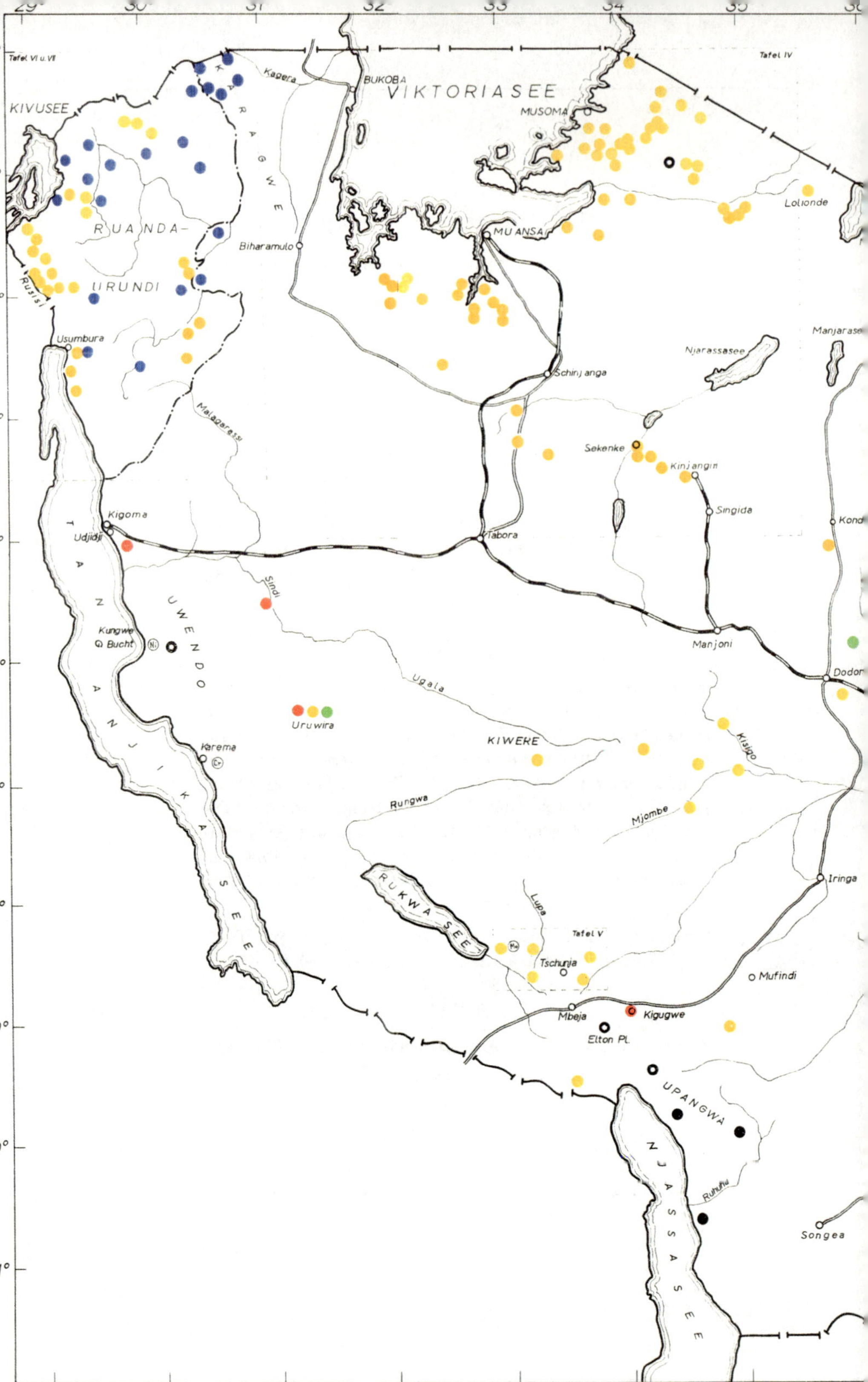

Deko VI, Zu Schumacher und Thamm, Minerallagerstätten von Deutsch-Ostafrika

Verlag Walter de Gruyter & Co., Berlin W 35 C/2138

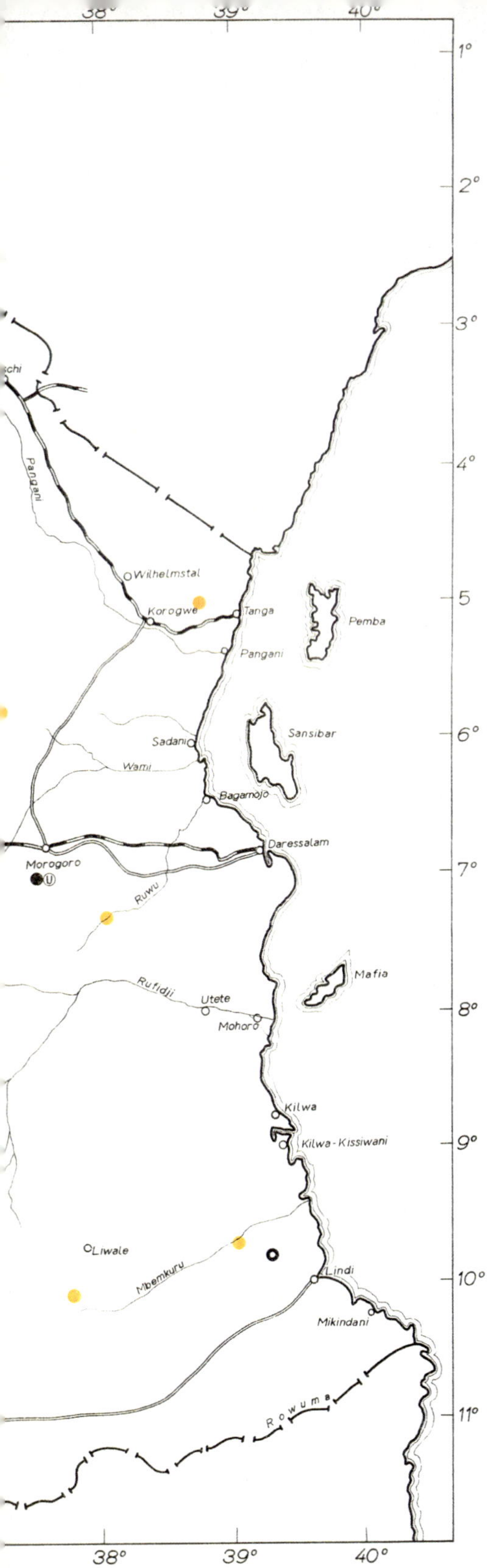

Minerallagerstätten Deutsch-Ostafrikas

Erze

Maßstab

0 50 100 150 200 250 300 km

Zeichenerklärung

- Gold
- Zinn, Wolfram
- Blei, Zink, Silber
- Kupfer
- Eisen
- Mangan
- Chrom
- Nickel
- Molybdän
- Uran

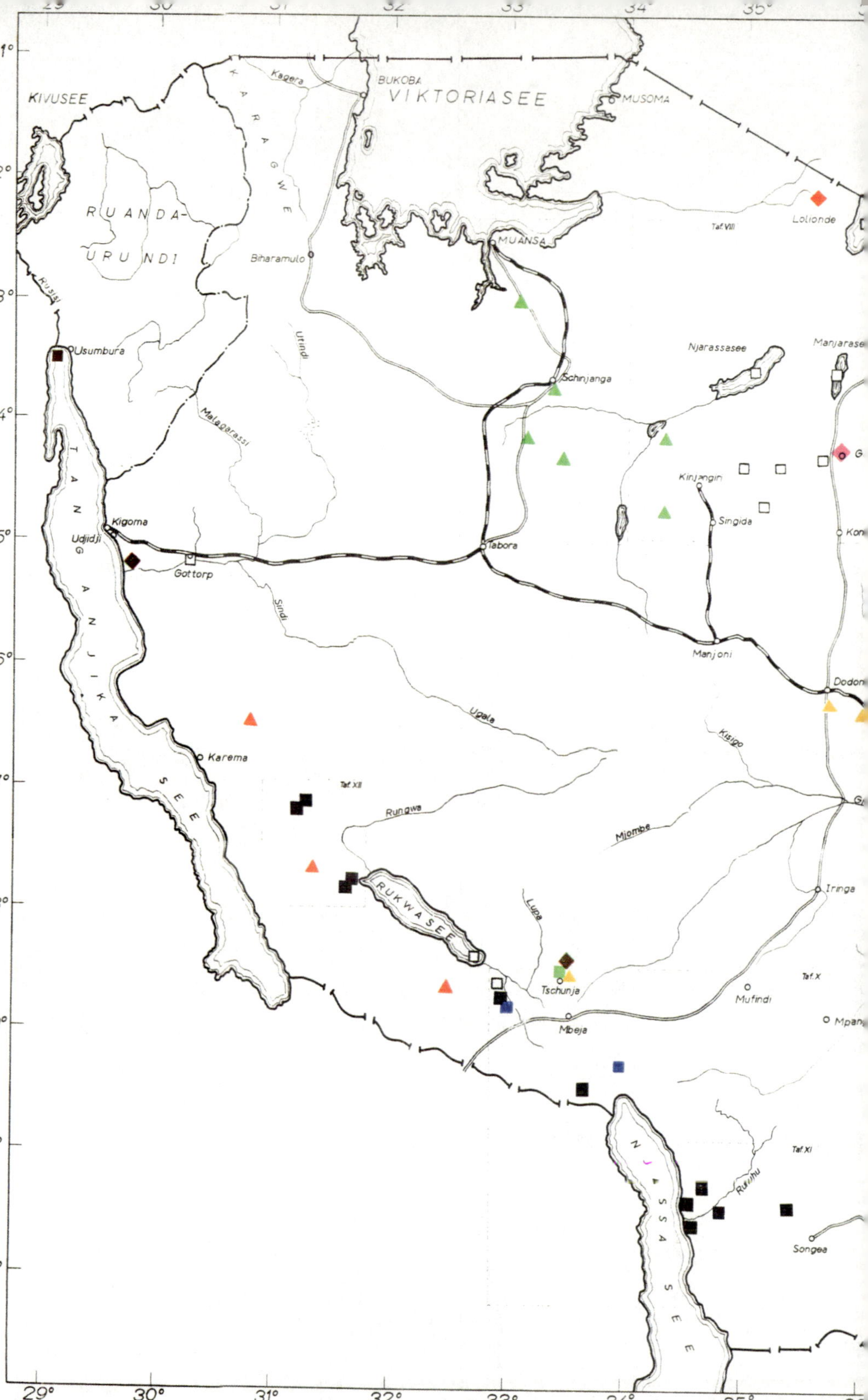

Deko VI, Zu Schumacher und Thamm, Mineralagerstätten von Deutsch-Ostafrika

Verlag Walter de Gruyter & Co., Berlin W 35 C/2138

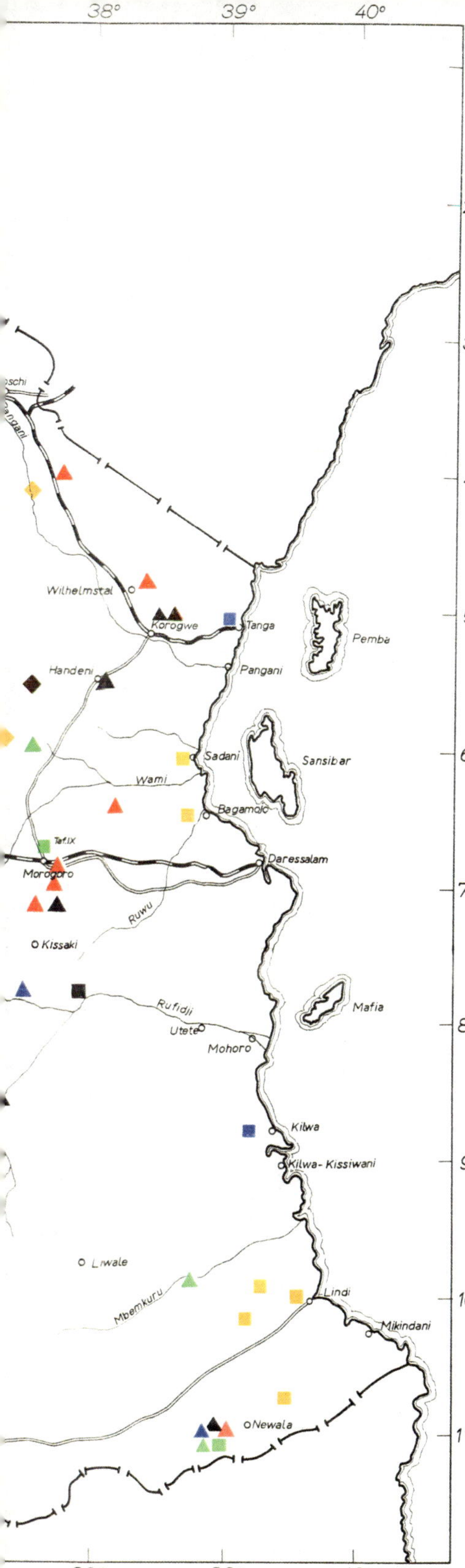

Minerallagerstätten Deutsch-Ostafrikas Nichterze

Maßstab

0 50 100 150 200 250 300 km

Zeichenerklärung

- Edel- und Halbedelsteine
- Graphit
- Glimmer
- Asbest
- Korund
- Bauxit
- Magnesit
- Baryt
- Apatit
- Phosphat
- Guano
- Salze
- Steinkohlen
- Bitumen
- Kopal
- Rotocker

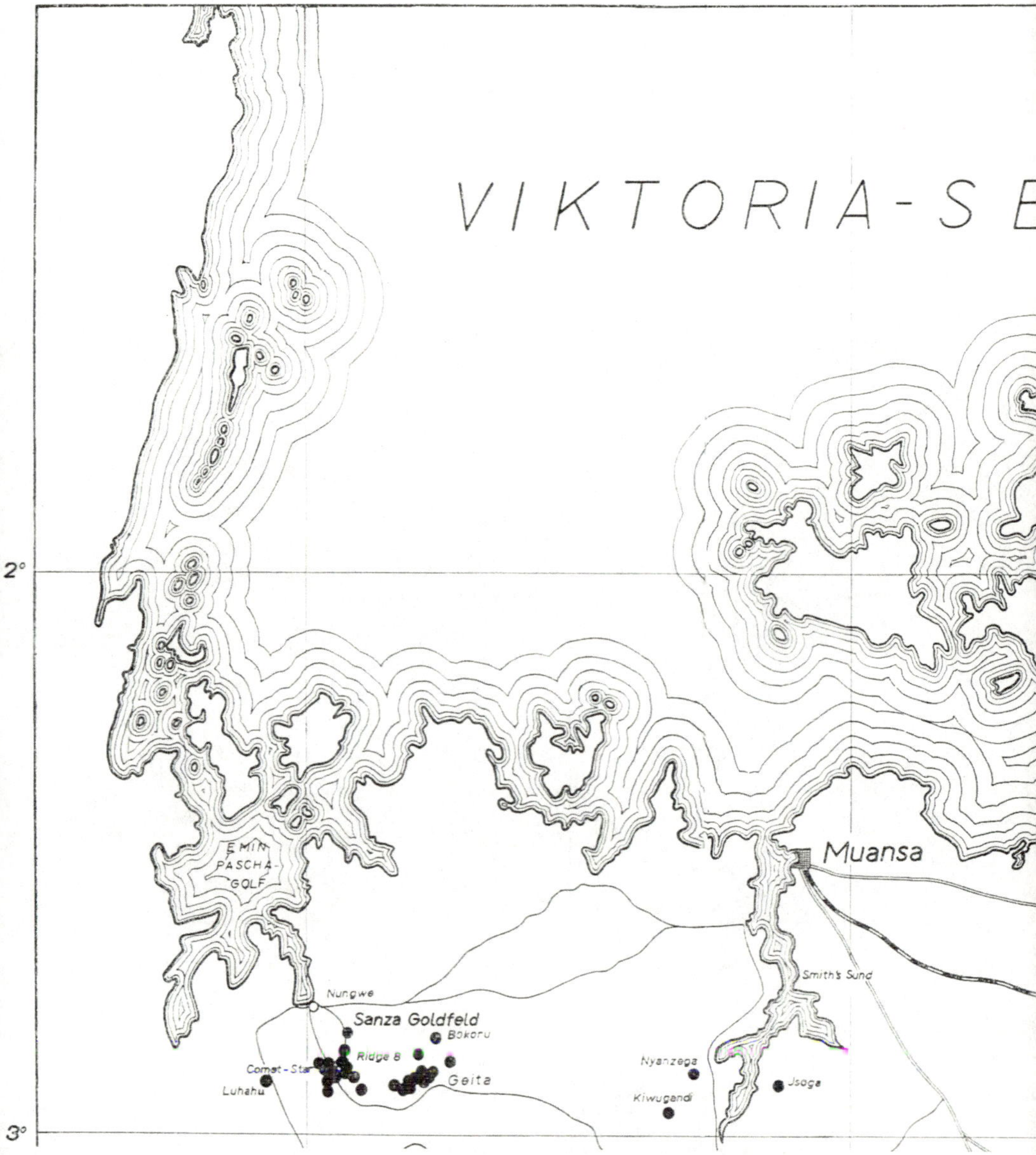
VIKTORIA-SE
2°
3°
EMIN
PASCHA-
GOLF
Muansa
Smith's Sund
Nungwe
Sanza Goldfeld
Bokoru
Ridge 8
Comet-Star
Luhahu
Geita
Nyanzega
Kiwugandi
Jsoga

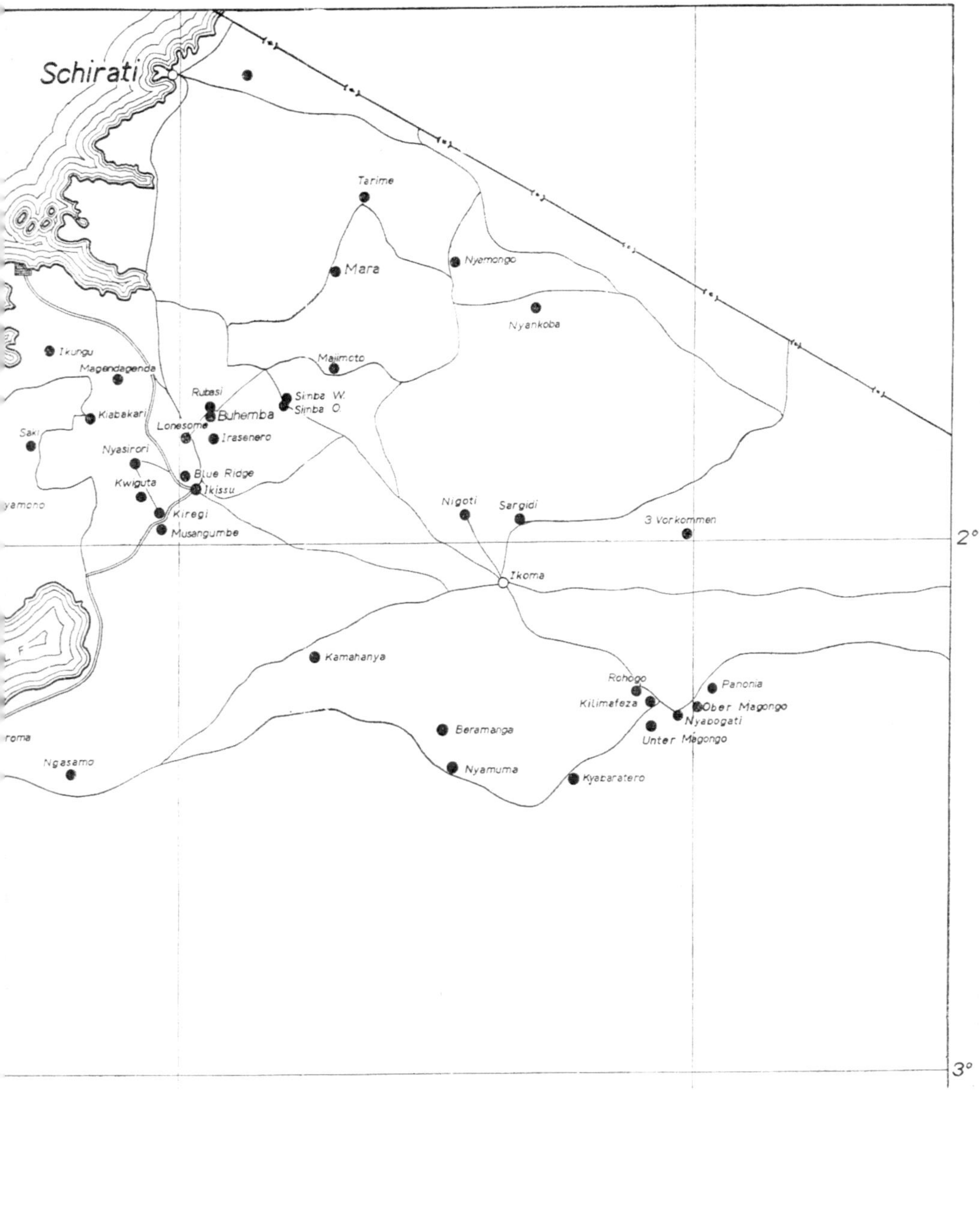
Schirati
Tarime
Mara
Nyemongo
Nyankoba
Ikungu
Magendagenda
Majimoto
Rubasi
Simba W.
Simba O.
Buhemba
Kiabakari
Saki
Lonesome
Irasenero
Nyasirori
Blue Ridge
Kwiguta
Ikissu
Kiregi
Musangumbe
Nigoti
Sargidi
3 Vorkommen
2°
Ikoma
Kamahanya
Rohogo
Panonia
Kilimafeza
Ober Magongo
Nyabogati
Beramanga
Unter Magongo
Nyamuma
Kyabaratero
Ngasamo
3°

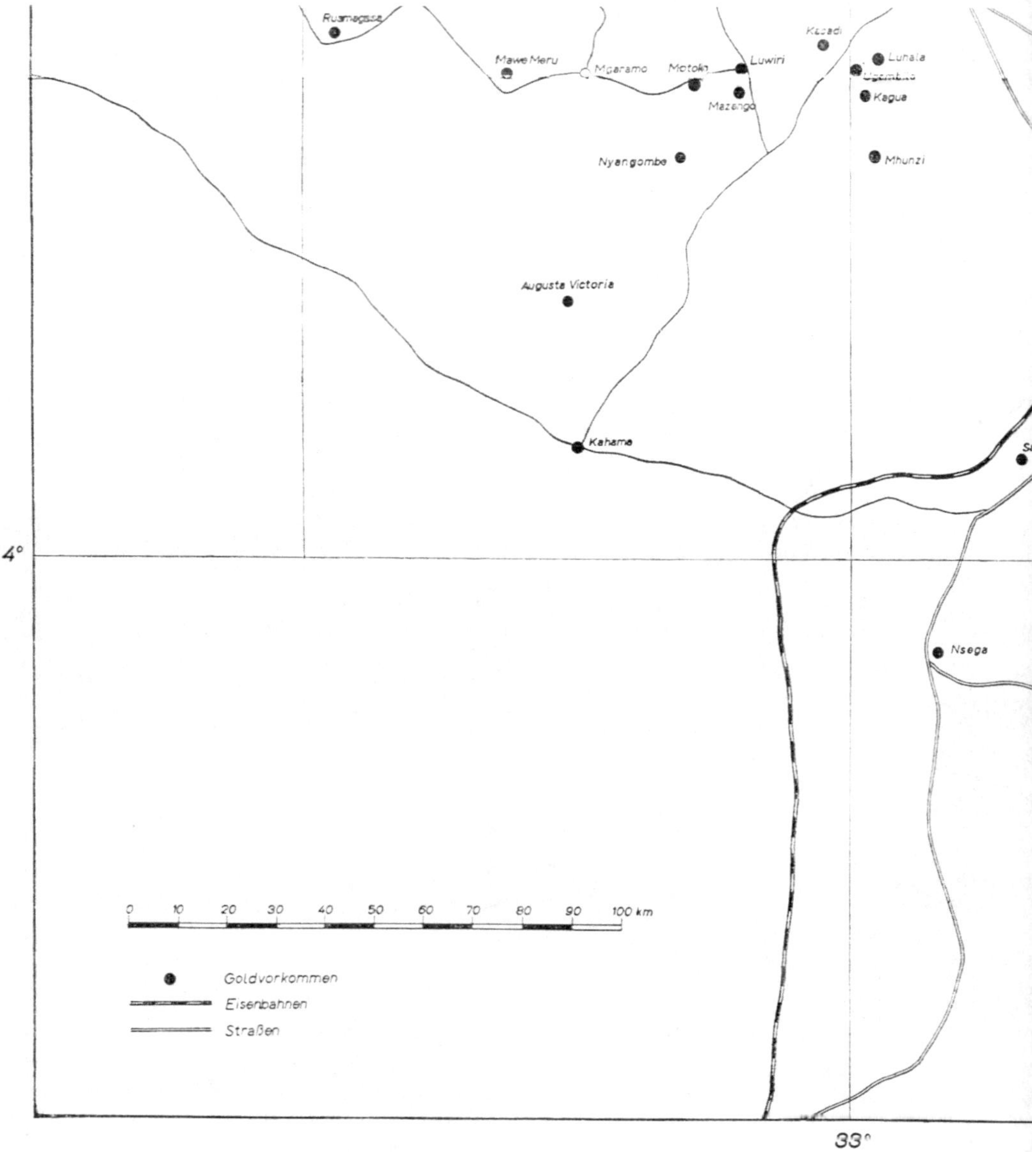

Verlag Walter de Gruyter & Co., Berlin W 35
Deko VI. Zu Schumacher und Thamm, Minerallagerstätten von Deutsch-Ostafrika

Goldvorkom

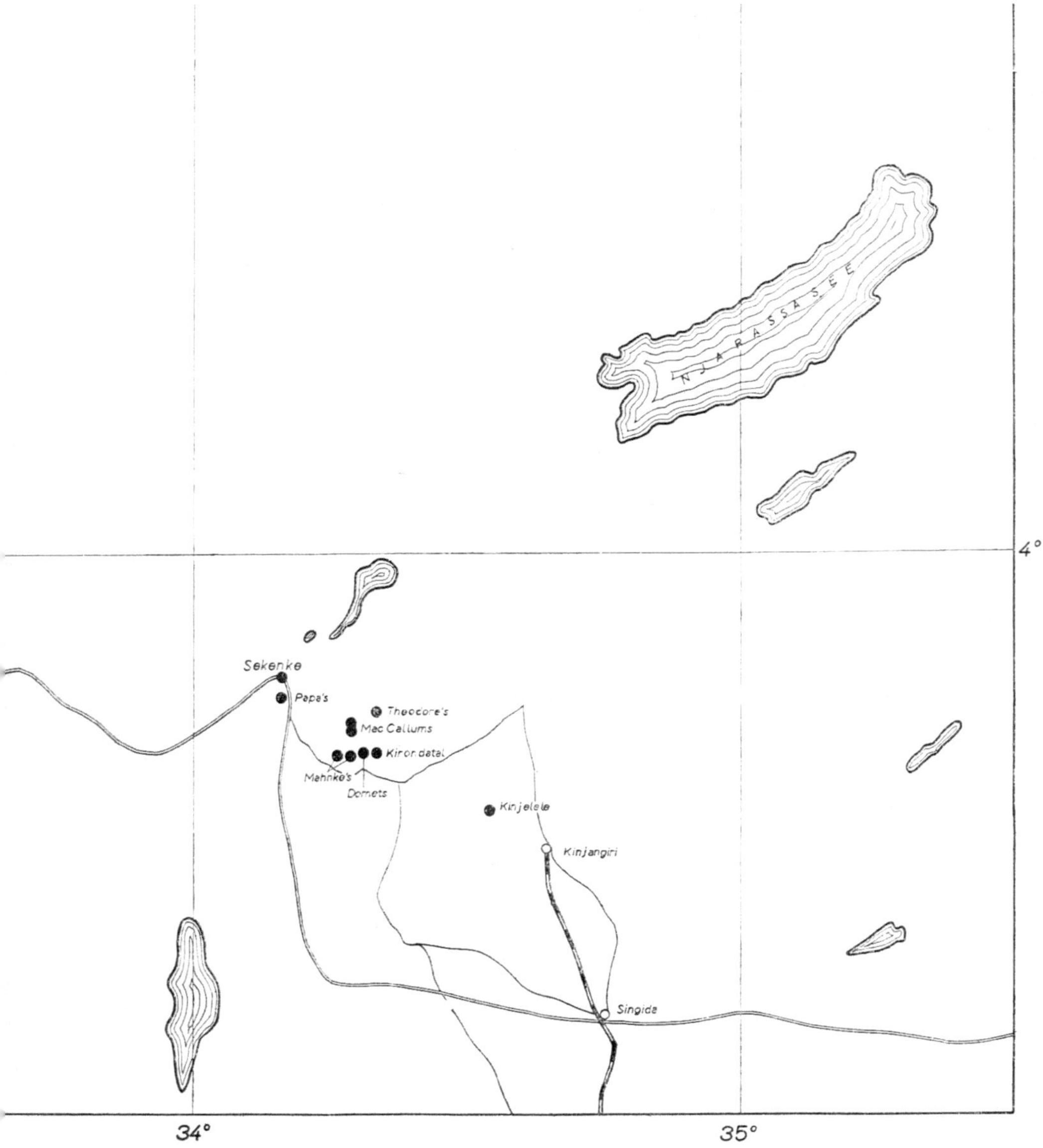

seegebietes

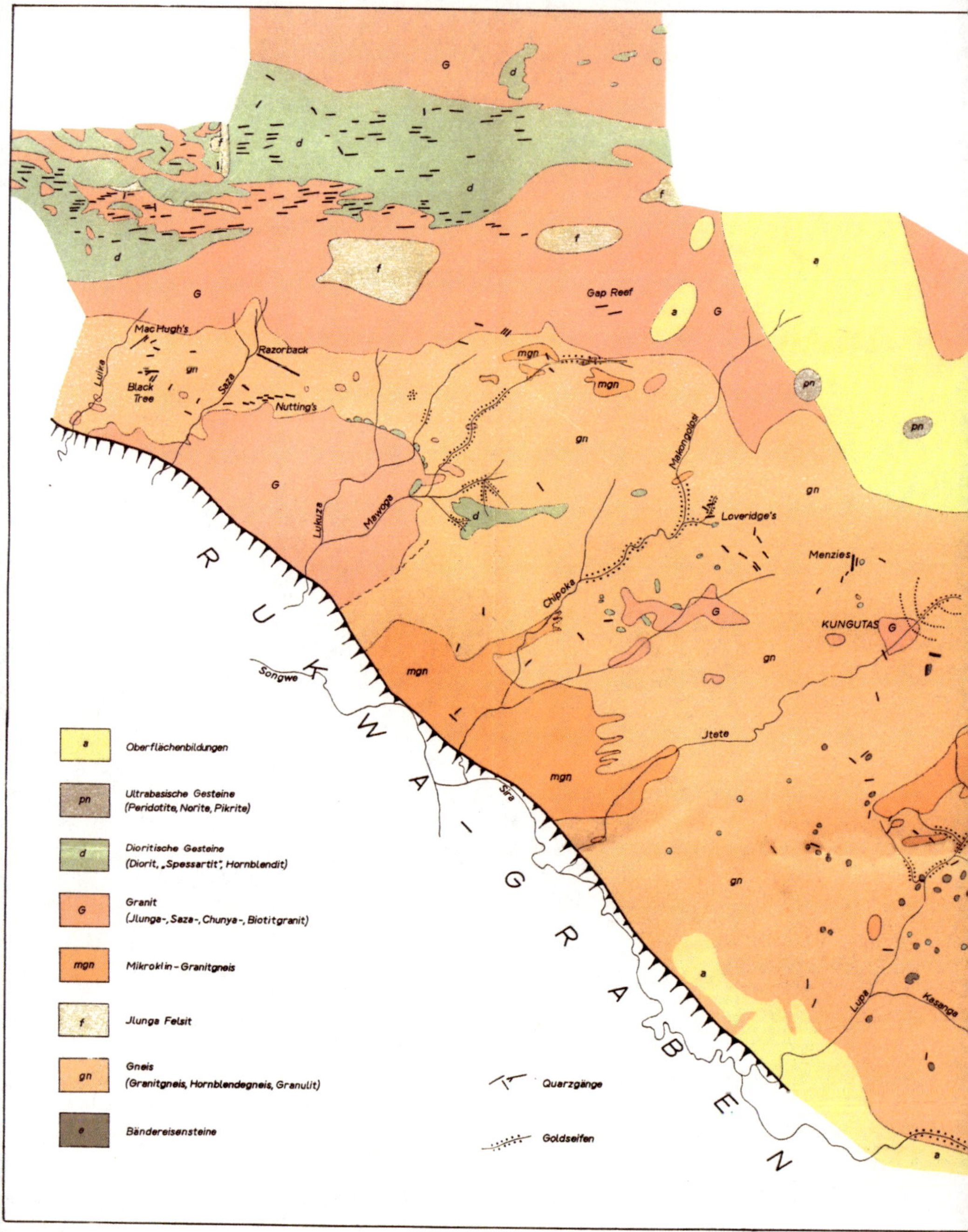

Deko VI, Zu Schumacher und Thamm, Minerallagerstätten von Deutsch-Ostafrika

Verlag Walter de Gruyter & Co., Berlin W 35 C/2138

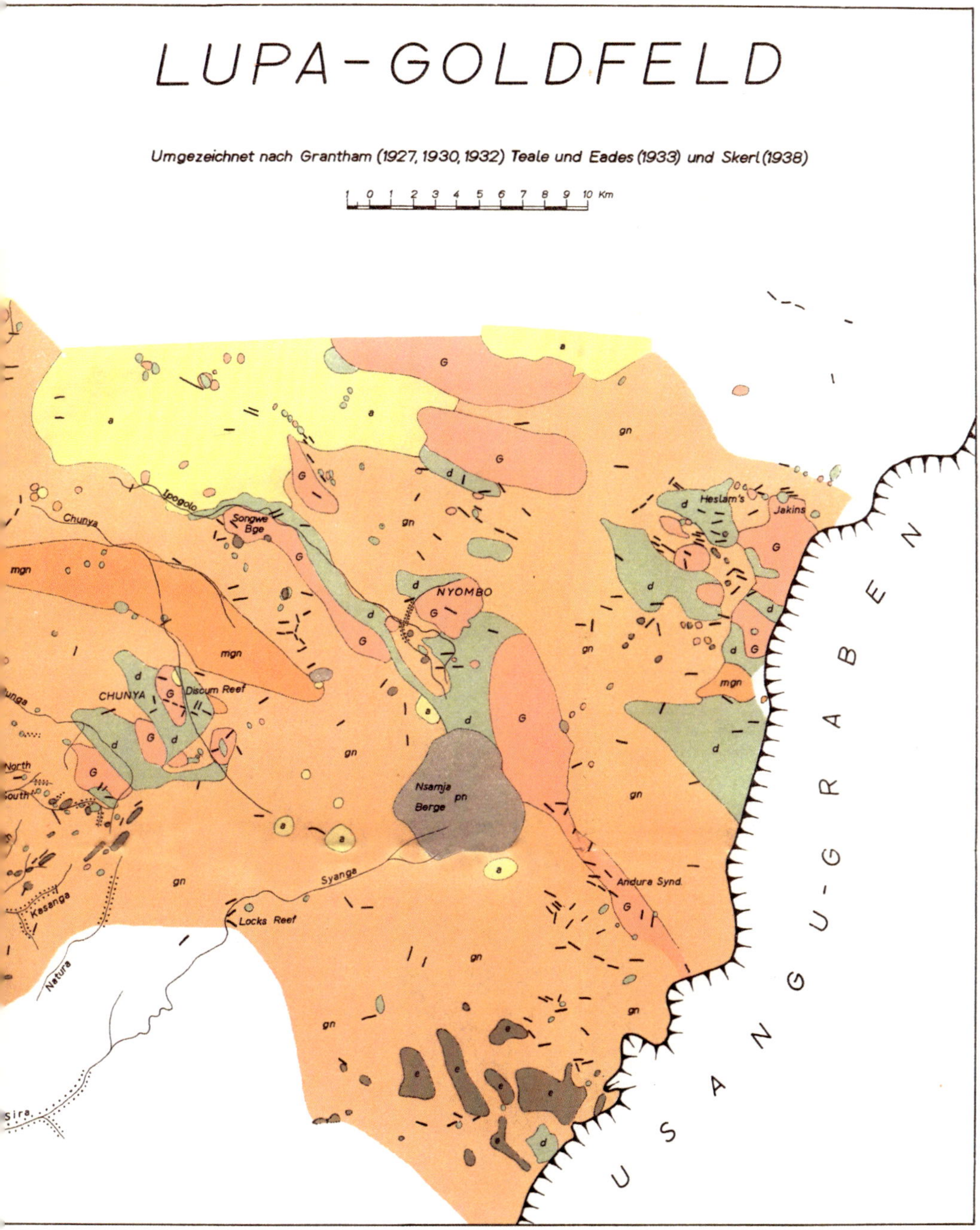
LUPA-GOLDFELD
Umgezeichnet nach Grantham (1927, 1930, 1932) Teale und Eades (1933) und Skerl (1938)
1 0 1 2 3 4 5 6 7 8 9 10 Km
Ipogolo
Chunya
Songwe Bge
NYOMBO
CHUNYA
Discum Reef
North
South
Kasanga
Locks Reef
Natura
Syanga
Nsamja Berge
Andura Synd.
Heslam's
Jakins
USANGU-GRABEN
mgn
gn
G
d
a
pn
e

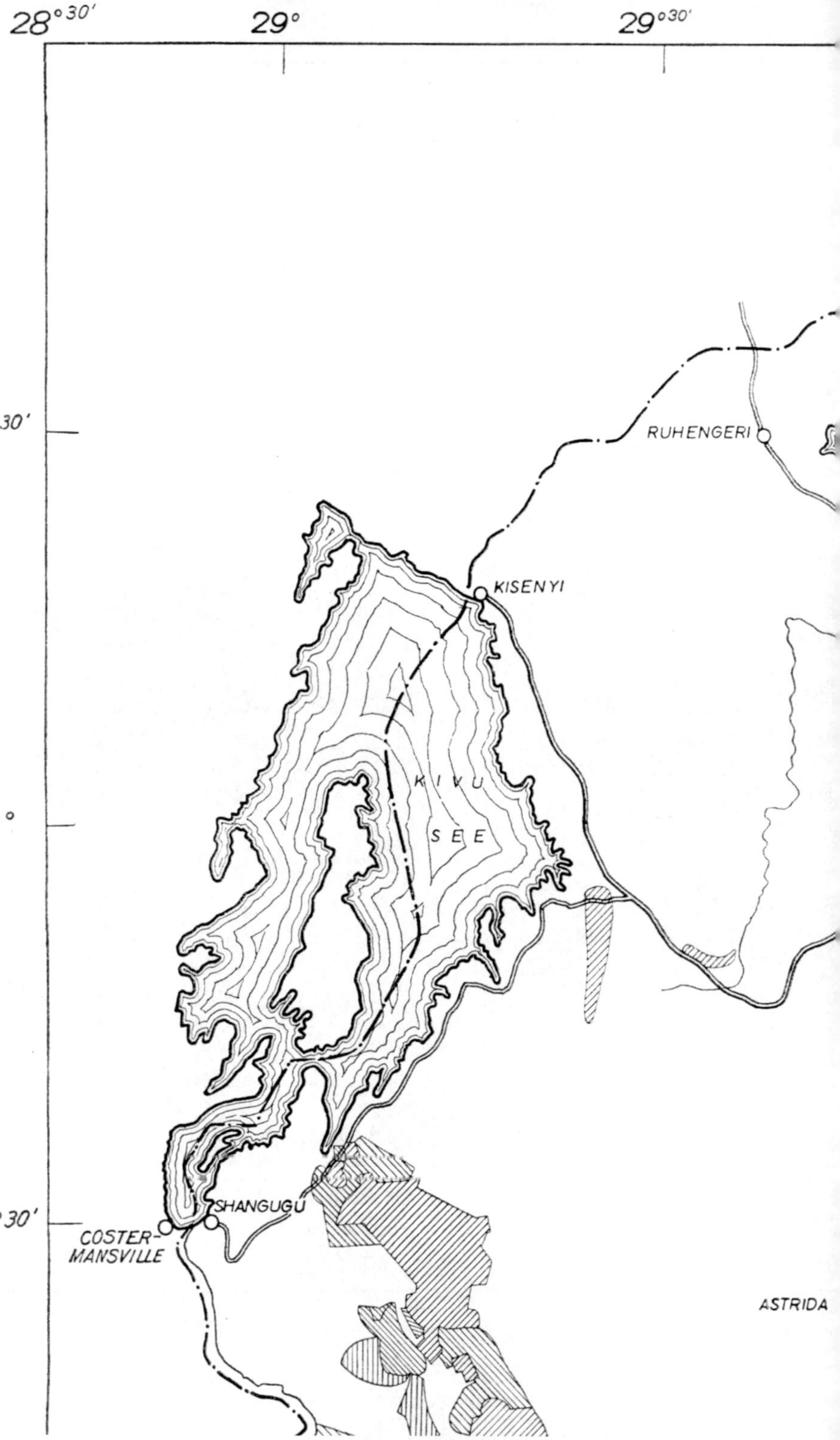
28°30′
29°
29°30′
1°30′
2°
2°30′
RUHENGERI
KISENYI
KIVU
SEE
SHANGUGU
COSTER-
MANSVILLE
ASTRIDA

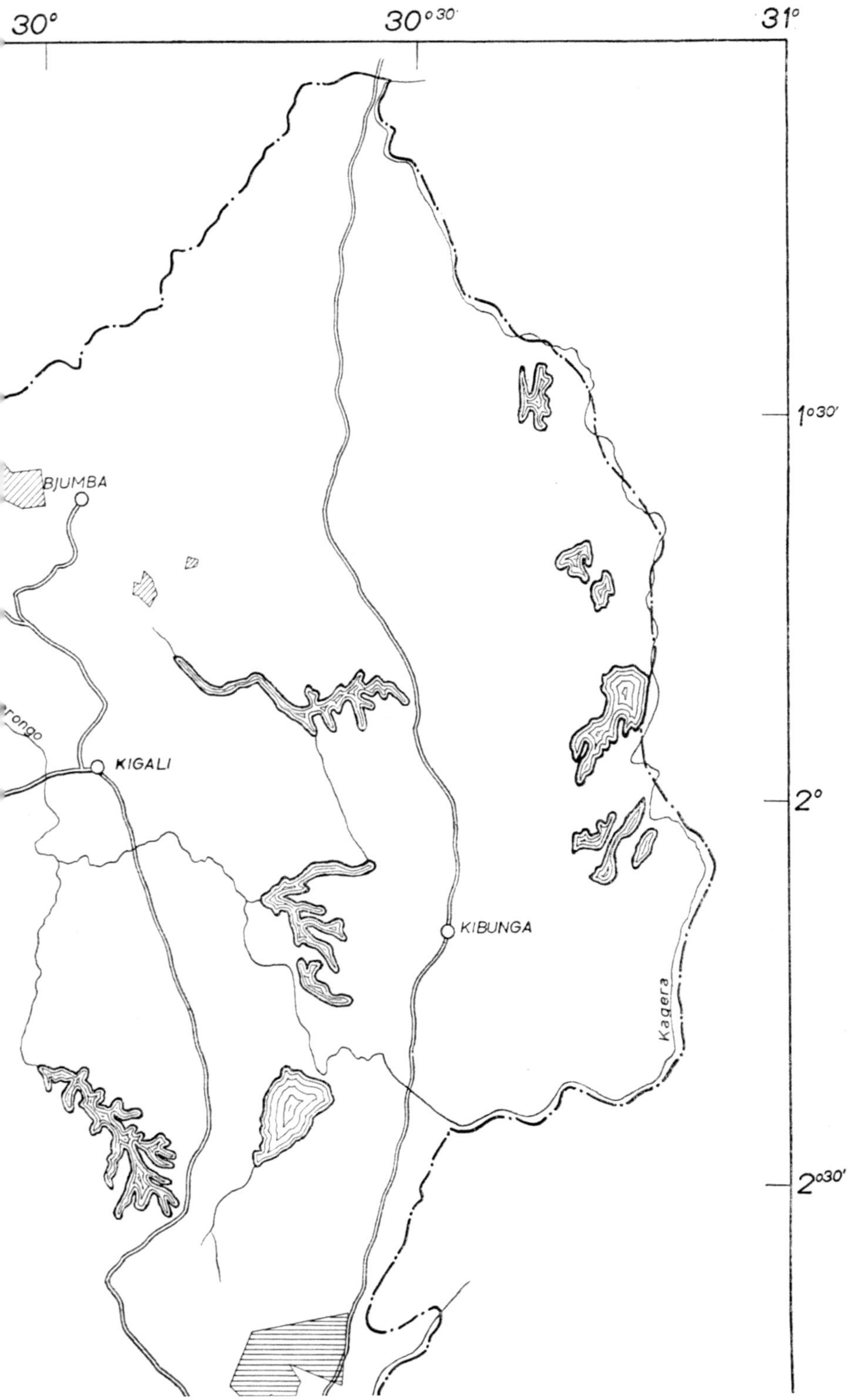
30°
30°30'
31°
1°30'
2°
2°30'
BJUMBA
KIGALI
KIBUNGA
Kagera
rongo

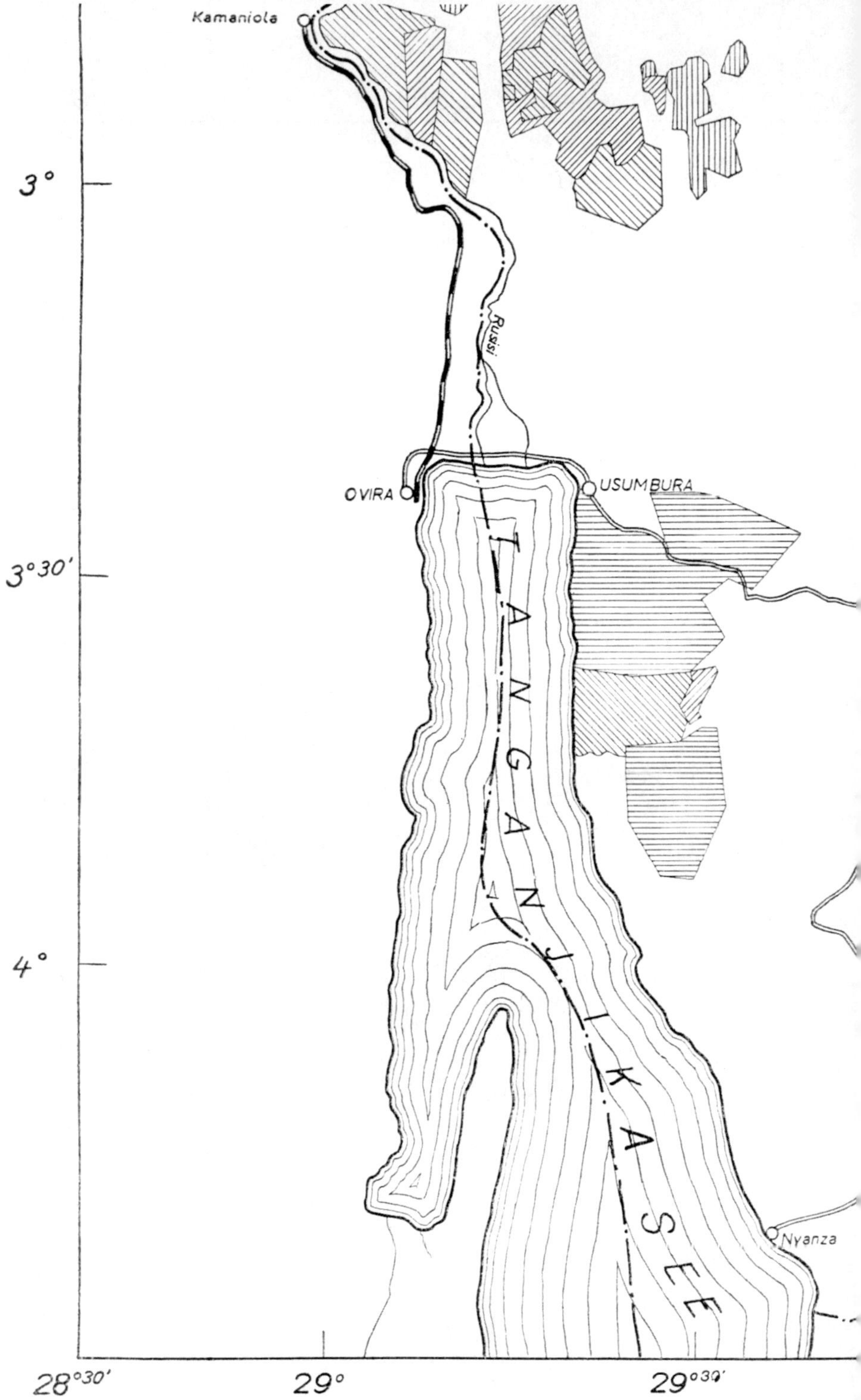

Goldvorko

Verlag Walter de Gruyter & Co., Berlin W 35
Deko VI. Zu Schumacher und Thamm, Minerallagerstätten von Deutsch-Ostafrika

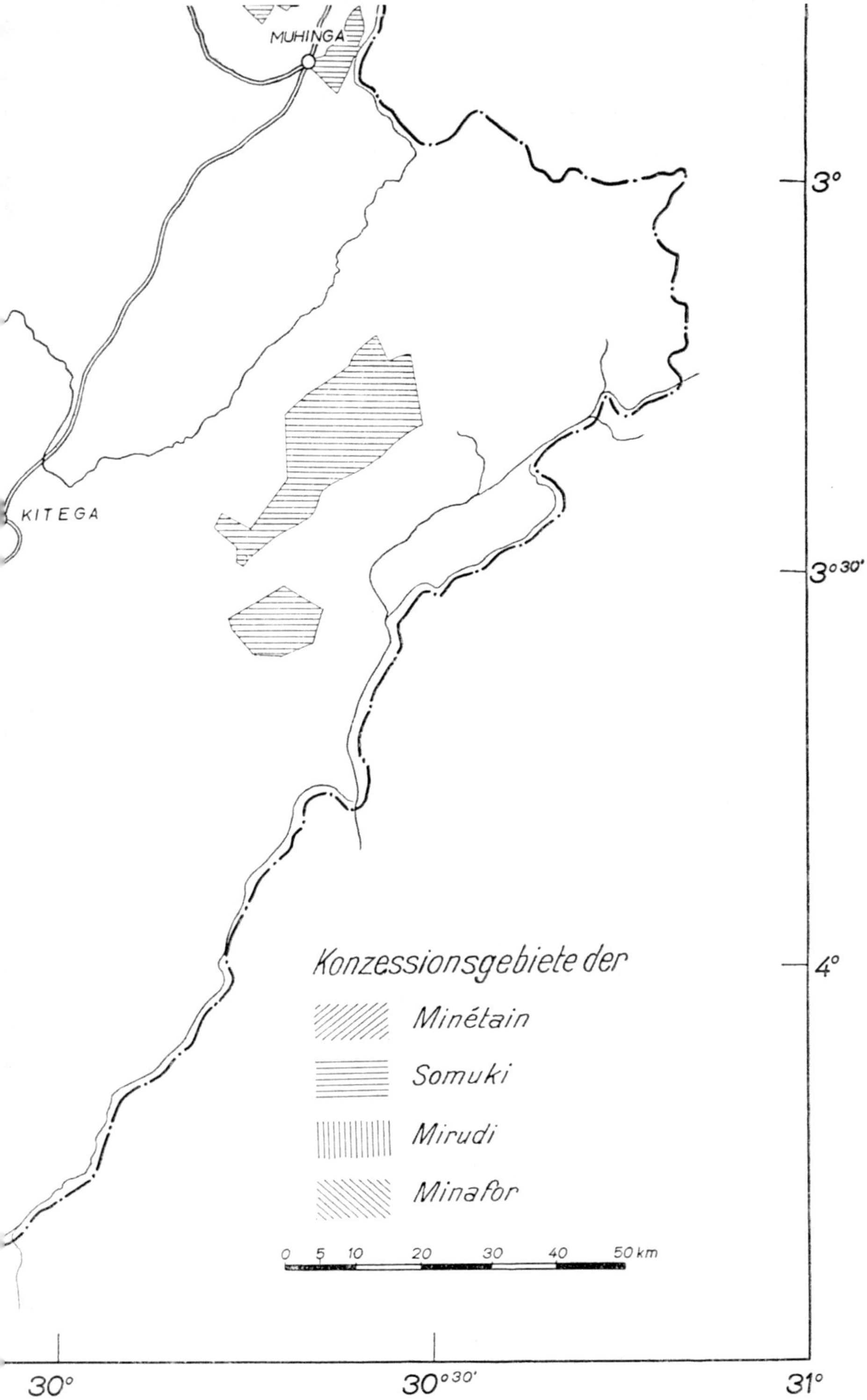
MUHINGA
KITEGA
3°
3° 30'
4°
Konzessionsgebiete der
Minétain
Somuki
Mirudi
Minafor
0 5 10 20 30 40 50 km
30°
30° 30'
31°

anda-Urundi

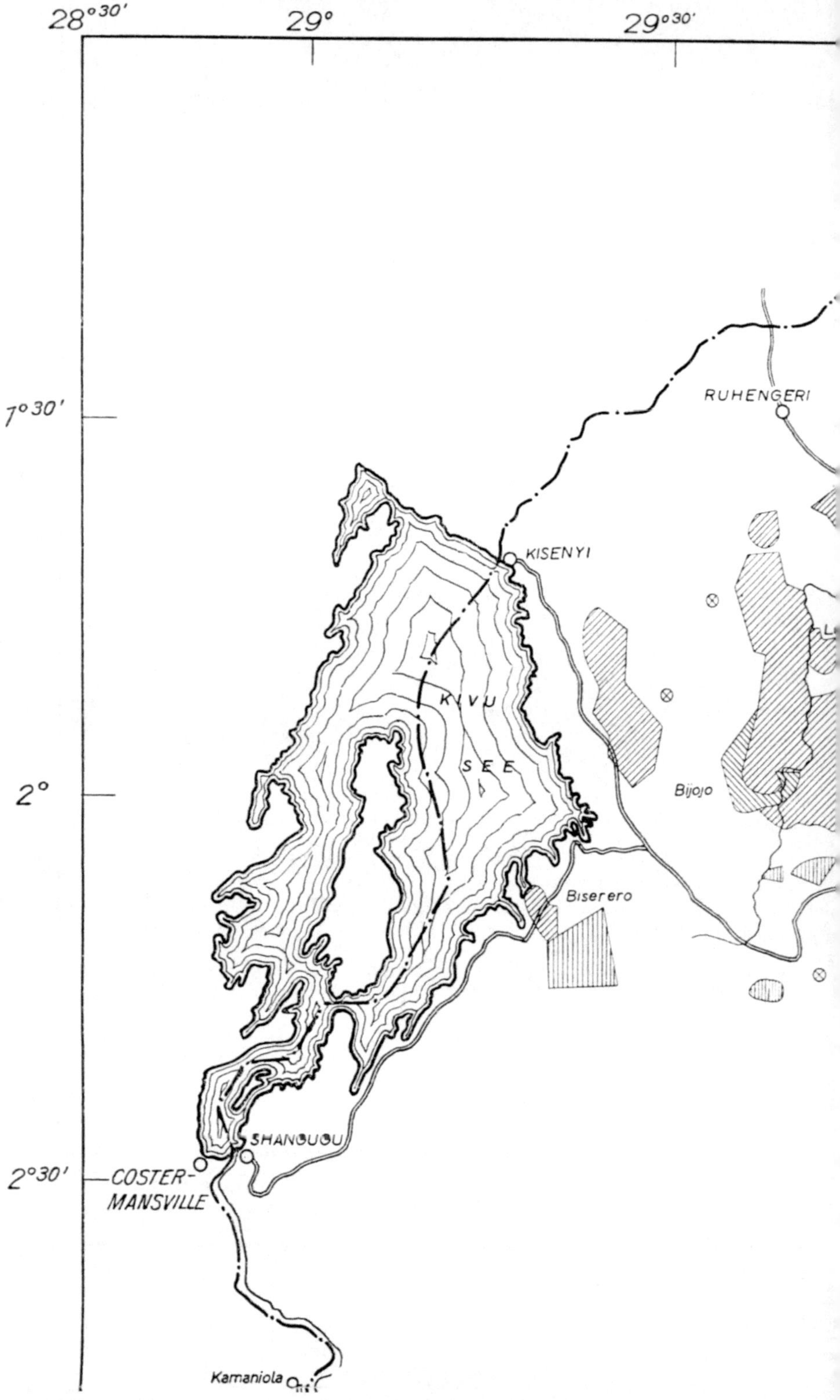
28°30'
29°
29°30'
1°30'
2°
2°30'
RUHENGERI
KISENYI
KIVU
SEE
Bijojo
Biserero
SHANGUGU
COSTER-
MANSVILLE
Kamaniola

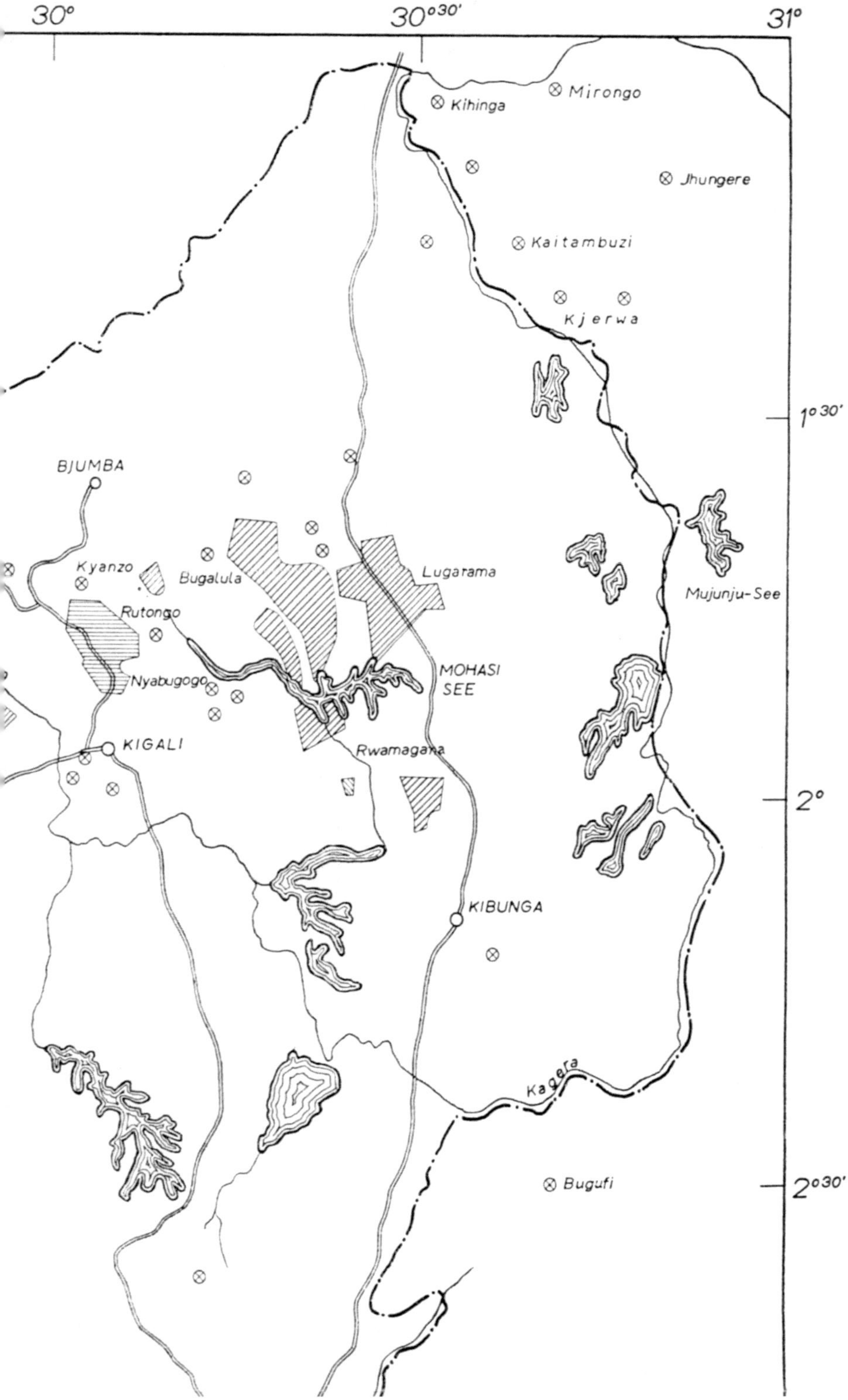
30°
30°30'
31°
Mirongo
Kihinga
Jhungere
Kaitambuzi
Kjerwa
1°30'
BJUMBA
Kyanzo
Bugalula
Lugarama
Mujunju-See
Rutongo
MOHASI
SEE
Nyabugogo
KIGALI
Rwamagana
2°
KIBUNGA
Kagera
Bugufi
2°30'

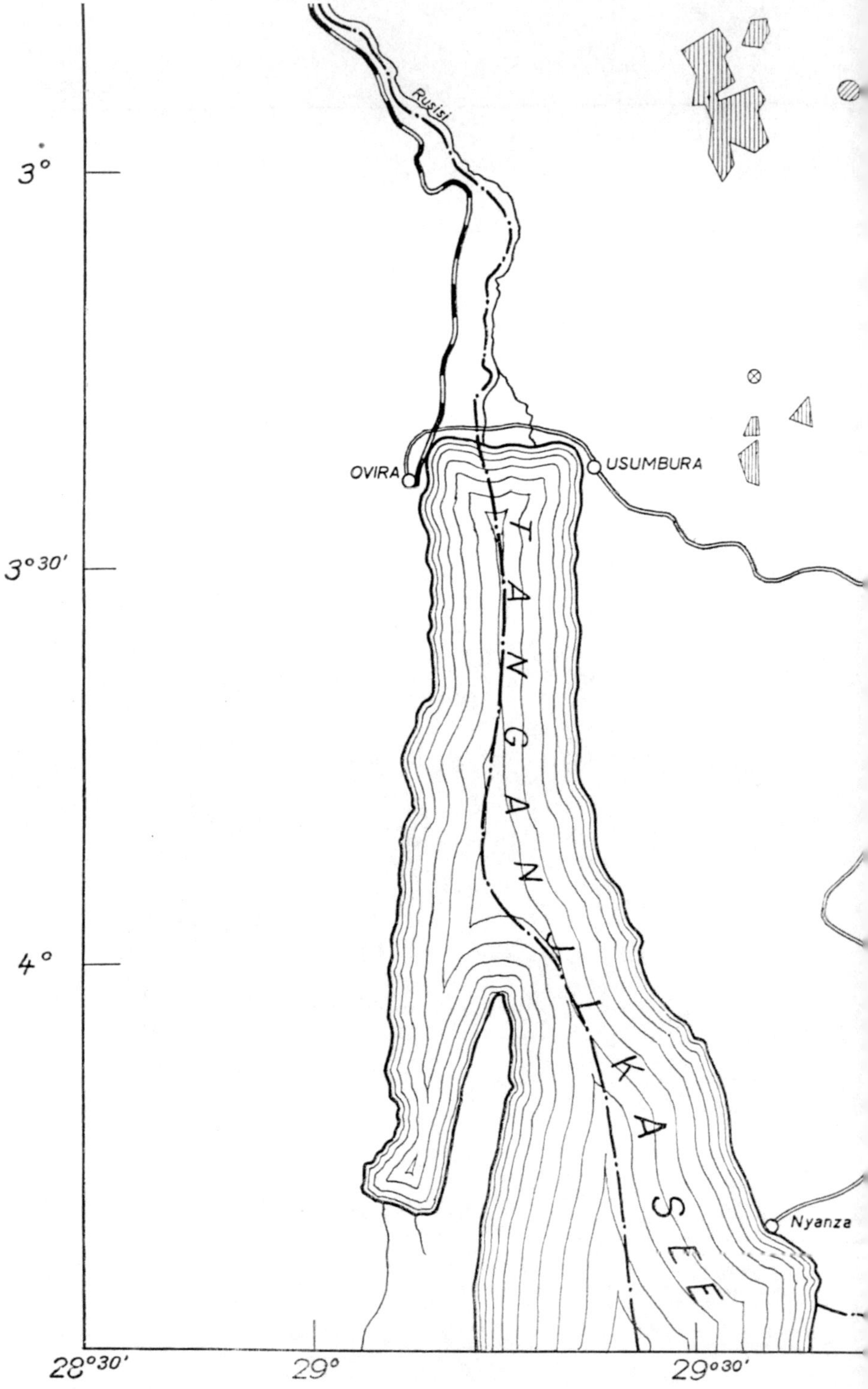

Zinnvorkom

Verlag Walter de Gruyter & Co., Berlin W 35
Deko VI. Zu Schumacher und Thamm, Minerallagerstätten von Deutsch-Ostafrika

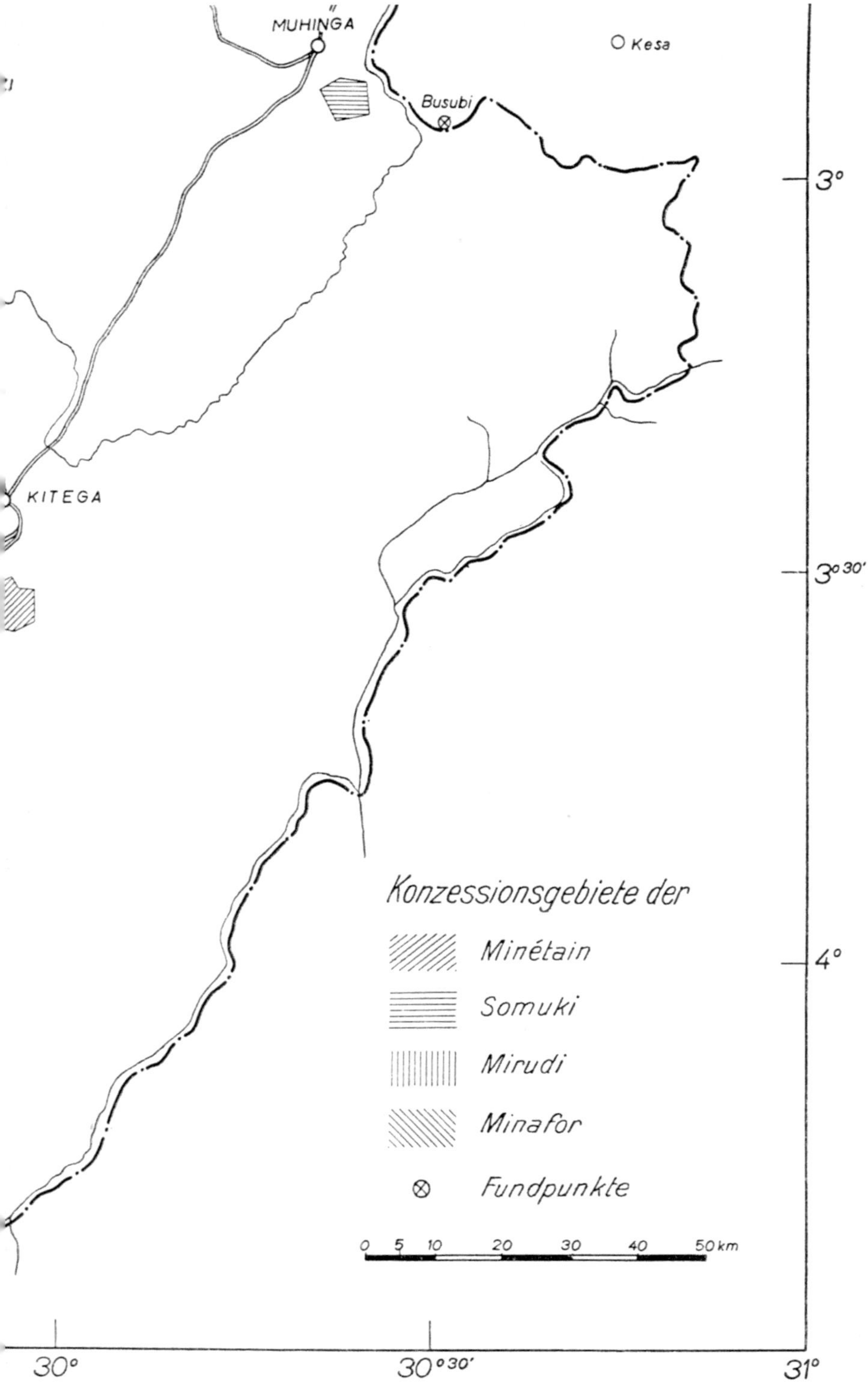
MUHINGA
Kesa
Busubi
KITEGA
3°
3°30'
4°
Konzessionsgebiete der
Minétain
Somuki
Mirudi
Minafor
Fundpunkte
0 5 10 20 30 40 50 km
30°
30°30'
31°

da-Urundi

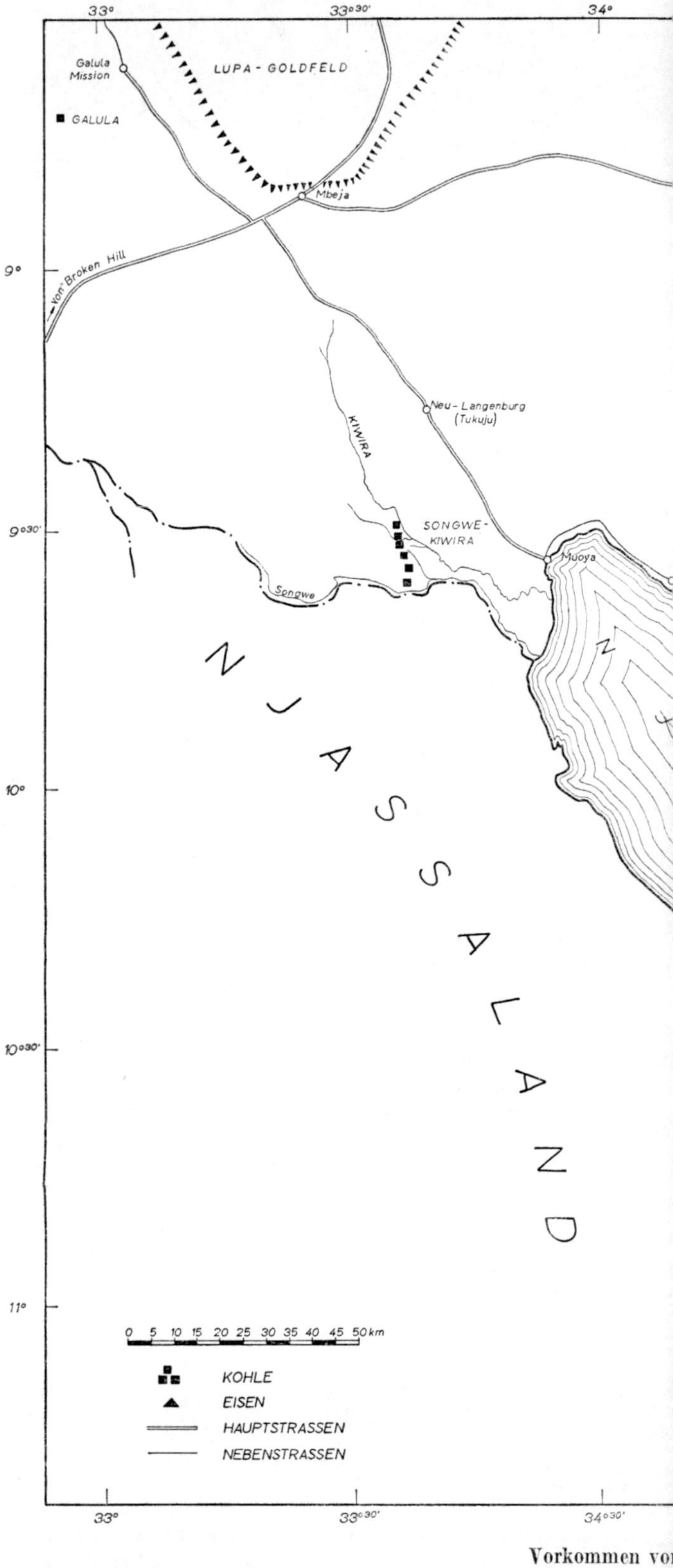

Vorkommen vo

Verlag Walter de Gruyter & Co., Berlin W 35
Deko VI. Zu Schumacher und Thamm, Minerallagerstätten von Deutsch-Ostafrika

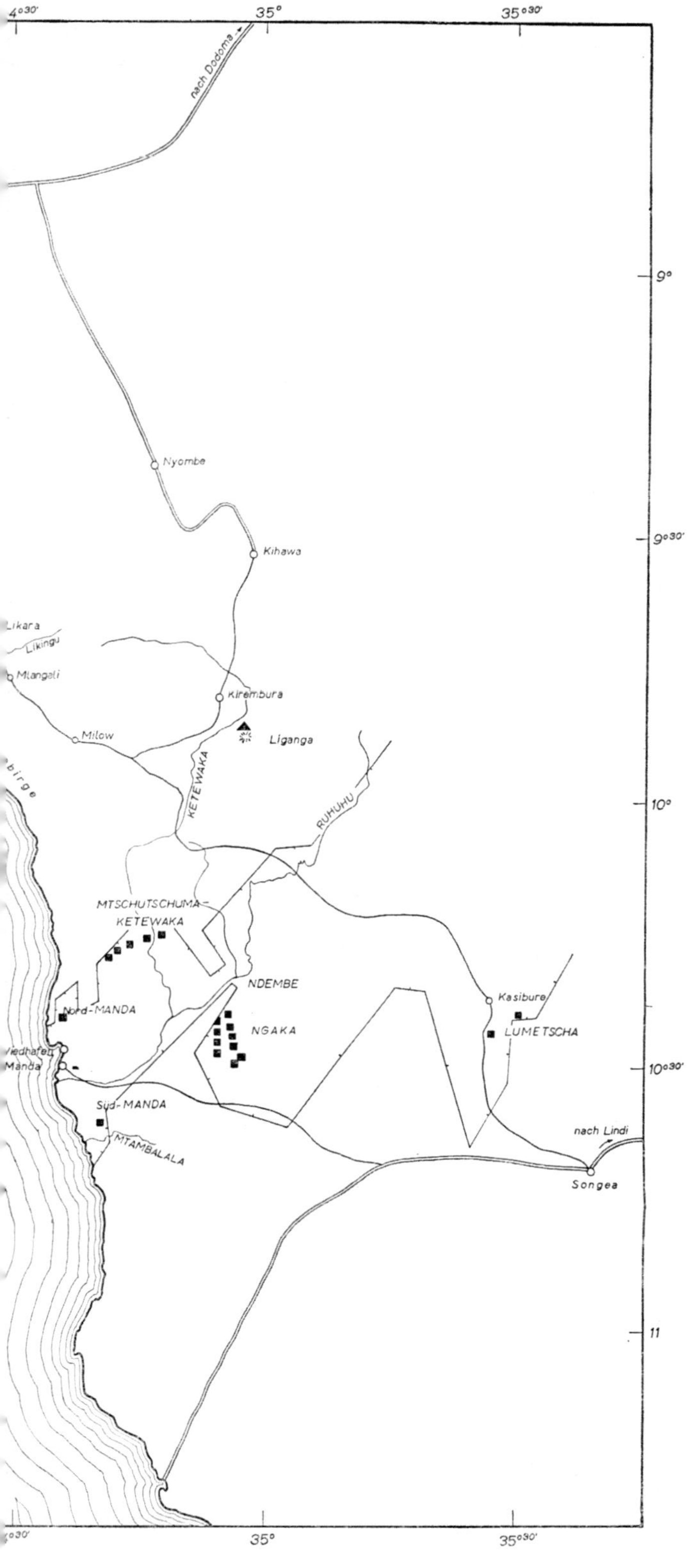

a am Njassasee

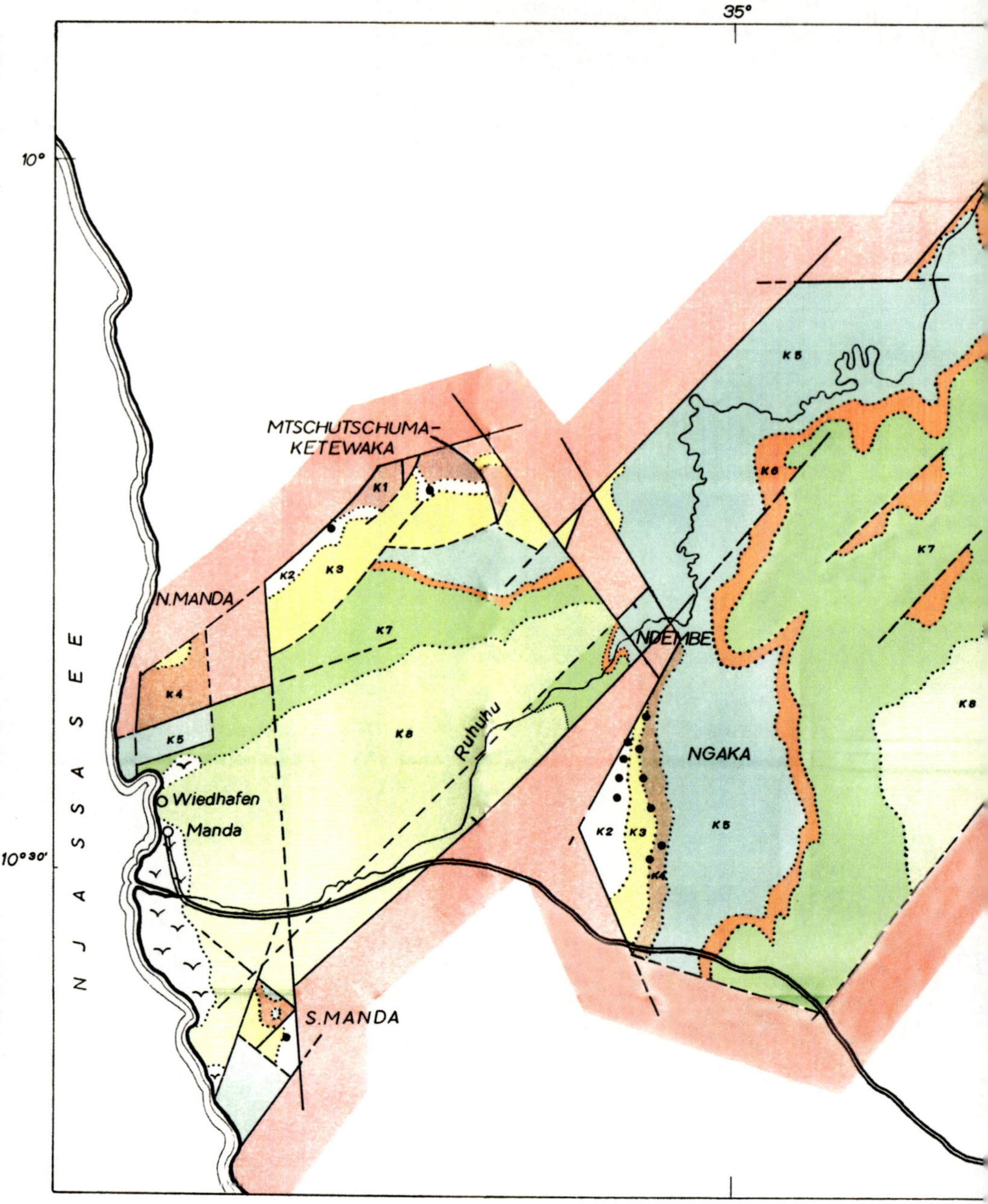

Deko VI, Zu Schumacher und Thamm, Minerallagerstätten von Deutsch-Ostafrika

Verlag Walter de Gruyter & Co., Berlin W 35 C/2138

KOHLENFELDER DES RU

(nach Stockley 1931)

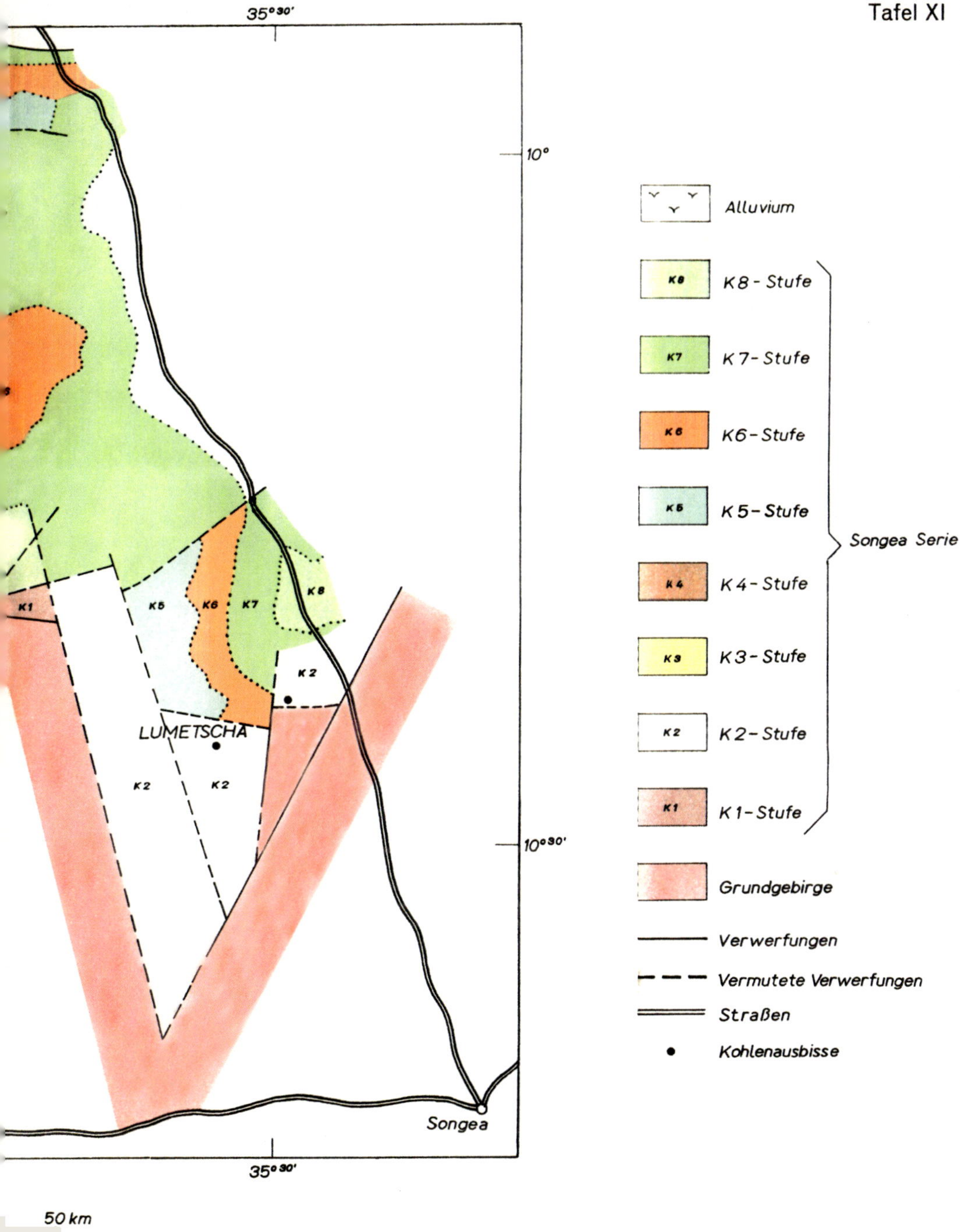
35° 30'
10°
10° 30'
35° 30'
LUMETSCHA
Songea
K1
K2
K5
K6
K7
K8
50 km
Alluvium
K8 - Stufe
K7 - Stufe
K6 - Stufe
K5 - Stufe
K4 - Stufe
K3 - Stufe
K2 - Stufe
K1 - Stufe
Songea Serie
Grundgebirge
Verwerfungen
Vermutete Verwerfungen
Straßen
Kohlenausbisse

GRABENS

FSC
www.fsc.org
MIX
Papier | Fördert gute Waldnutzung
FSC® C083411

Zeitfracht Medien GmbH
Ferdinand-Jühlke-Straße 7
99095 Erfurt, Deutschland
produktsicherheit@kolibri360.de